南京大学人工智能本科专业教育培养体系

第2版

南京大学人工智能学院 著

机械工业出版社
China Machine Press

图书在版编目（CIP）数据

南京大学人工智能本科专业教育培养体系 / 南京大学人工智能学院著 . —2 版 . —北京：机械工业出版社，2022.9
ISBN 978-7-111-71739-3

Ⅰ. ①南…　Ⅱ. ①南…　Ⅲ. ①南京大学 - 人工智能 – 人才培养 – 教学研究　Ⅳ. ① TP18

中国版本图书馆 CIP 数据核字（2022）第 183778 号

南京大学人工智能本科专业教育培养体系　第 2 版

出版发行：机械工业出版社（北京市西城区百万庄大街 22 号　邮政编码：100037）
责任编辑：姚　蕾　　责任校对：史静怡　李　婷
印　　刷：北京联兴盛业印刷股份有限公司　　版　　次：2023 年 1 月第 2 版第 1 次印刷
开　　本：186mm×240mm　1/16　　印　　张：13
书　　号：ISBN 978-7-111-71739-3　　定　　价：79.00 元

客服电话：（010）88361066　68326294

南京大学人工智能专业教育培养体系建设研究组

组　　长：

周志华　武港山

副 组 长：

申富饶　黎　铭　戴新宇

成员（按姓氏拼音序）：

高　尉　姜　远　吴建鑫　俞　扬　詹德川　张利军　赵一铮

其他参加人员（按姓氏拼音序）：

柏文阳　卜　磊　陈家骏　陈开明　戴望州　段晋军　范红军
葛存菁　黄书剑　雷雨田　李　靓　李宇峰　林冰凯　路　通
毛云龙　钮鑫涛　钱　超　阮锦绣　王　炜　王　魏　王慧妍
吴　楠　吴　震　吴化尧　肖承丽　谢　磊　叶翰嘉　尹存燕
俞志伟　张　杰　张骑鹏　章宗长　赵　鹏　郑朝栋　周毓明

PREFACE

前言

党和政府高度重视人工智能发展。习近平总书记在中共中央政治局第九次集体学习时强调“人工智能是新一轮科技革命和产业变革的重要驱动力量，加快发展新一代人工智能是事关我国能否抓住新一轮科技革命和产业变革机遇的战略问题”，并在向国际人工智能与教育大会致贺信中指出“把握全球人工智能发展态势，找准突破口和主攻方向，培养大批具有创新能力和合作精神的人工智能高端人才，是教育的重要使命”。

南京大学在人工智能科研与教学方面有长期积累，在科研水平、师资力量、培养经验方面都有良好的基础。2018 年 3 月，南京大学宣布成立我国 C9 高校中第一个人工智能学院，力争在人工智能高水平人才培养方面走出自己的创新探索之路。2018 年 5 月，人工智能顶尖高校卡内基 – 梅隆大学也宣布成立人工智能本科专业。

2018 年 9 月，人工智能专业第一批本科新生进校，由此正式开始了南京大学人工智能学院的人工智能本科专业人才培养。南京大学基于长期耕耘在科研教学第一线、在国际人工智能领域有重要影响力的资深专家对本领域知识体系的深刻认识和丰富教学经验，形成了南大风格的人工智能专业培养方案和教学计划，甫一出台就颇受关注。为了便于跟兄弟院校共同探讨人工智能人才培养问题，南京大学人工智能学院将培养方案和教学计划汇集为《南京大学人工智能本科专业教育培养体系》一书，由机械工业出版社在 2019 年 5 月出版。

今年 6 月第一届本科生 72 位同学毕业，南京大学人工智能学院完成了完整一轮的人工智能专业本科生培养。在这四年中，学院主要学术带头人带领研究组与授课教师和学生多次座谈讨论，认真分析教学效果和学生的反馈，考虑到人工智能专业与数学、计算机等专业在知识结构上不同，即便同一门课程也应在教学上有所不同，因此在课程设置、内容衔接等诸多方面进行优化调整，在实践中不断改进、完善培养方案和教学计划，以下略举二例：

“最优化方法”作为机器学习等核心专业课程的前导课程，对人工智能专业低年级学生来说，如果按照数学专业授课思路，学生普遍感觉压力较大，而对机器学习等后续专业课程非常重要的矩阵求导等内容则属于几门基础数学课程的“三不管地带”。因此，我们的新版教学计划中改设“最优化方法导论”课程，从矩阵求导开始，讲授人工智能专业本科生所应该掌握的常用优化方法和基础思想，而一些高级内容则放到本研共修的“高级优化”课程中，供未来有志于专门从事人工智能基础算法理论研究的高年级学生进一步学习。

“数据结构与算法分析”在国内外计算机专业通常有两种授课思路：一种是开设为内容有所重合但目标侧重不同的两门课，其中“数据结构”承载了帮助学生在学习程序设计后提升编程能力的部分任务；另一种则是仅设一门课程，默认学生已具备足够的编程能力，着力进行理论分析能力和计算思维的培养。我们开启了兼顾学制学时和人工智能学生能力培养需求的另一种思路：考虑到经典计算机算法与人工智能算法在离散/连续性质、复杂性度量等方面都大有不同，人工智能专业学生对经典算法分析仅需概览性了解，由此虽仅设一门课程，但仍能照顾到国内学生的学习习惯，在课内帮助他们提升编程能力。

经过完整一轮人工智能专业本科生培养实践改进的南京大学人工智能学院本科专业培养方案和教学计划汇集在第2版中，初步规划的研究生课程体系亦作为附录纳入第2版。需特别说明的是，南京大学人工智能学院的学生培养目标是家国情怀厚植、能够在人工智能领域具有源头创新能力、能够为企事业单位解决关键技术难题的高水平人才。人工智能人才类型多种多样，本书内容未必能直接应用于不同类型的人才培养，仅是抛砖引玉，作为未来进一步修正完善的基础，敬请同行专家不吝指正，为推动我国人工智能教育事业的发展而共同奋斗。

南京大学人工智能学院
本科专业教育培养体系建设研究组
2022年7月

PREFACE

第1版前言

人类社会在“信息化”之后必将走向“智能化”。回顾历史，以蒸汽机为代表的技术革命把人类从很多繁重的体力劳动中解放出来；而在未来，以人工智能为代表的技术革命将把人类从繁复性强的简单智力劳动中解放出来。因此，人工智能在全世界受到高度关注。

党和政府高度重视人工智能发展。习近平总书记在中共中央政治局第九次集体学习时强调，人工智能是新一轮科技革命和产业变革的重要驱动力量，加快发展新一代人工智能是事关我国能否抓住新一轮科技革命和产业变革机遇的战略问题。国务院印发了《新一代人工智能发展规划》，全面推进我国人工智能事业的发展。

人工智能科技进步、产业发展、社会应用的核心要素是掌握了人工智能科学技术的专业人才。当前全世界人工智能发展面临的瓶颈问题，就是高水平人工智能专业人才的匮乏。为了适应国家、社会、产业发展的需要，加大力度培养人工智能人才是当务之急。我国教育部专门制定了《高等学校人工智能创新行动计划》，明确提出要“支持高校在计算机科学与技术学科设置人工智能学科方向”“加大人工智能领域人才培养力度”，为我国新一代人工智能发展提供战略支撑。

一般认为，人工智能作为一个严肃的学科诞生于1956年。经过60多年的发展，人工智能专业领域已经形成了庞大的知识体系，既有的相近学科的本科教学体系不再能完全覆盖或代替。要培养高质量人工智能专业人才，就必须考虑根据人工智能学科领域自身的特点来建立相对应的培养体系。然而，在这个方面全世界都刚开始进行探索，例如，人工智能领域的世界级顶尖高校卡内基－梅隆大学，也是在2018年5月才宣布设立人工智能本科专业。

随着我国的发展进入新时代，很多领域逐渐进入无处模仿、必须自主创新探索的时期，科教领域亦如此。南京大学在人工智能科研与教学方面有长期积累，在科研水平、师资力量、培养经验方面都有良好的基础。为了更好地承担高水平大学为国家、社会、产业发展输送高水平人才的重要使命，南京大学在2018年3月宣布成立人工智能学院，力争在人工智能高水平人才培养方面走出自己的创新探索之路。

南京大学人工智能学院成立之前两年，主要学术带头人就在人工智能人才培养方面承担了教学改革项目，对本科人才培养体系进行了梳理，对创办一流大学人工智能教育涉及的问题进行了深入思考。学院成立之后，又成立了本科专业教育培养体系建设研究组开展进一步研究。

学院的培养方案和教学计划颇受关注，许多兄弟院校来人来函问询。为了便于跟兄弟院校共同探讨人工智能人才培养问题，我们将不成熟的初步探索汇集成书。需说明的是，南京大学人工智能学院的学生培养方案侧重于人工智能领域源头创新能力、为企事业单位解决关键技术难题能力的培养。人工智能人才类型多种多样，本书内容未必能直接推广到不同类型的人工智能人才培养上。此外，由于南京大学人工智能学院首批本科生于 2018 年 9 月进校，本书述及的相当部分课程尚未正式开设，后续可能有所调整。因此，本书仅是抛砖引玉，作为未来进一步修正完善的基础，敬请同行专家不吝指正，为推动我国人工智能教育事业的发展而共同奋斗。

南京大学人工智能学院
本科专业教育培养体系建设研究组
2019 年 3 月

CONTENTS
目 录

CHAPTER1
第1章

创办一流大学人工智能教育的思考

人工智能在全世界都受到了高度关注。国务院在2017年7月印发了《新一代人工智能发展规划》，教育部在2018年4月印发了《高等学校人工智能创新行动计划》，明确提出要“支持高校在计算机科学与技术学科设置人工智能学科方向，推进人工智能领域一级学科建设”“加大人工智能领域人才培养力度”，为我国新一代人工智能发展提供战略支撑。

为努力创办一流大学人工智能教育，我们对几个相关问题进行了思考，在此提出仅供大家批评。

一、关注“什么样的人工智能”？

关于人工智能，长期存在两种不同的目标或理念。一种是希望借鉴人类的智能行为，研制出更好的工具以减轻人类智力劳动，一般称为“弱人工智能”；另一种是希望研制出达到甚至超越人类智慧水平的人造物，其研究目标具有心智和意识、能根据自己的意图开展行动，一般称为“强人工智能”㊀。

关于二者的区别，在此做一个简单的类比。人们看到鸟在天上飞，希望做个工具帮助自己飞起来，然后造出了飞机。弱人工智能与造飞机类似，只要做出能减轻人类智力劳动的工具，就达到目的了；而强人工智能不仅希望飞机全面达到或超越鸟的能力（例如具备下蛋能力），还希望造出来的飞机具备自主意识，会觉得“累”，甚至能自己决定“罢工”。

国际主流人工智能学界所持的目标是弱人工智能。人工智能技术现在所取得的进展和成功，是缘于“弱人工智能”而不是“强人工智能”的研究。用国际人工智能联

㊀ “强人工智能”这个词汇缺乏严格的定义，不同学者用它可能在指不同的事物，需根据上下文理解和讨论。这里的“强人工智能”的关键标志是拥有自主意识。

合会前主席、牛津大学伍尔德里奇教授的话来说，强人工智能“几乎没有进展”，甚至“几乎没有严肃的活动”。㊀

事实上，强人工智能还涉及科学研究的伦理问题，这也是主流人工智能学界不往这个方向努力的原因之一。霍金等人所担忧的“人工智能有可能是人类文明史的终结”，实质就是对强人工智能的担忧。因为具有“自主意识”、能力全面超越人类的，将不再是能被人类控制的“工具”，无法保证它的“利益”与人类一致。

二、“人工智能”还是“智能科学”？

目前已有的“智能科学与技术”专业能否代替“人工智能”专业呢？

顾名思义，“智能科学与技术”所关注的是“智能”。“人工智能”和“智能”的关系，类似于“飞机（人工鸟）”和“鸟”的关系。研究飞机显然不同于研究鸟科学。鸟科学本身很重要，但它并不是培养飞机制造者所必须掌握的科学知识，对鸟没弄清楚并不妨碍造飞机，飞机的飞行方式也不需要与鸟的飞行方式相同。

事实上，人工智能更多的是与计算机科学、数学、工程学有关，而智能科学本身则更多是与认知科学、神经科学、脑科学有关。人工智能人才培养的迫切性，主要源于人工智能产业蓬勃发展所导致的对人工智能人才的旺盛需求。

习近平总书记在党的十九大报告中强调，要推动“人工智能和实体经济深度融合”。以计算机科学、数学、工程学为主要基础的人工智能科学技术目前已能在实体经济中发挥作用，而以认知科学、神经科学、脑科学为主要基础的智能科学技术，与实体经济的深度融合似乎还为时尚早。

三、培养什么样的人工智能人才?

在百度上搜索“人工智能培训”会返回约 6 850 000 个结果，这显示出社会对人工智能人才培养已经高度关注，甚至形成了某种产业。

显然，我们的培养目标不是“人工智能 5 个月实战”“人工智能 120 天从入门到精通”这样的培训班所能培养的人才。如果用建筑行业的人才打比方的话，那么培训班培

㊀ 周志华. 关于强人工智能［J］. 中国计算机学会通讯，2018（1）：45-46.

养的是在工地搬砖砌墙的人才，而对创办一流大学人工智能教育而言，培养目标应该是高水平的建筑设计师、土木工程师，乃至建筑大师。

简而言之，我们的目标应该是培养在人工智能领域具备源头创新能力、具备解决企业关键技术难题能力的人才。

四、这样的人才需要何种知识结构？

人工智能所要解决的通常是涉及不确定性的复杂任务，从其任务求解过程来看，首先要对复杂现实进行抽象建模，然后对模型进行算法分析和设计，用软件程序实现，基于强力计算平台进行高效扩展，再通过试用反馈进行迭代改善。这决定了高水平人工智能人才需要：数学基础好、计算 / 软件程序功底扎实、人工智能专业知识全面。

第一，无论是抽象建模还是模型算法分析设计环节，都需要依赖良好的数学基础，因为人工智能所面对的问题千变万化，这导致了其所涉及的数学工具种类多样。事实上，人工智能的核心领域——机器学习是计算机科学中对数学基础要求最高的分支之一。

第二，复杂现实任务通常可以从多种角度进行抽象，而不同的抽象将导致巨大的差异。抽象出的问题是否可计算？从程序代码的角度是否易实现？从计算平台的角度是否便于高效处理？……回答这些问题需要在算法分析 / 程序设计 / 计算系统方面具备扎实的基础。事实上，对一些现代大型人工智能程序而言，甚至连高维数组的存储顺序都需进行优化，如果没有扎实的计算 / 软件程序功底显然是不行的。

第三，在解决现实的人工智能应用任务时，往往同时涉及多种人工智能专业知识，需有效进行融合发挥。因此，高水平的、能解决企业关键技术难题的人工智能人才，必须具备全面的人工智能专业知识。这就引出了下一个问题：人工智能自身的专业知识有哪些？

五、人工智能自身的专业知识有哪些？

不妨简单回顾一下人工智能这个学科领域的发展历程。

目前一般认为人工智能学科正式诞生于 1956 年美国达特茅斯会议。这个会议的参加者包括后来的图灵奖得主约翰 · 麦卡锡（John McCarthy）、马文 · 明斯基（Marvin Minsky）和信息论之父克劳德 · 香农（Claude Shannon）等人。会议发起人麦卡锡提议以“人工智能”作为该学科的名称，因此麦卡锡被尊称为“人工智能之父”。从那时起，如果以主流人工智能学界的关注重点进行划分，则人工智能的发展历程大致可分为三个阶段：1956年至20世纪60年代中后期的“推理期”，20世纪70年代至80年代中期的“知识期”，以及20世纪90年代至今的“学习期”。推理期关注的重点是基于逻辑的自动推理，知识期关注的重点是知识工程，学习期关注的重点则是机器学习。人工智能领域迄今共有8位学者获得图灵奖，他们是人工智能诞生期的约翰·麦卡锡（John McCarthy）和马文·明斯基（Marvin Minsky），推理期的赫伯特·A.西蒙（Herbert A. Simon）和艾伦·纽厄尔（Allen Newell），知识期的爱德华·费根鲍姆（Edward Feigenbaum）和拉吉·瑞迪（Raj Reddy），以及学习期的莱斯利·瓦伦特（Leslie Valiant）和犹大·珀尔（Judea Pearl）。

上述学科发展历程直接决定了人工智能专业知识在“内核基础层”主要包括机器学习（学习期的核心）、知识表示与处理（推理期与知识期核心的融合）。在此之上，“支撑技术层”包括模式识别与计算机视觉、自然语言处理、自动规划、多智能体系统、启发式搜索、计算智能、语音信号处理等。再往上的“平台系统层”则包括机器学习系统平台（如TensorFlow等）、人工智能程序设计（如LISP、Python等）、智能系统、机器人等。更往上还有与其他学科的“交叉应用层”。

可以看出，人工智能与其他一些“投资风口”和“短期热点”不同的是，它经过60多年的发展，已经形成了庞大自洽的知识体系。事实上，上述各层的每一项内容都至少对应一门课程。

六、目标在现有学科培养框架下能否达成？

以计算机科学与技术学科为例，本科生毕业大致需修满150个学分，其中约60学分是通识通修课程，15学分是毕业设计和就业创业类课程，在剩下的约75个学分中，学科平台课程和专业核心课程约占55学分。到此尚未出现人工智能专门课程，已经仅剩约20学分。而剩下的学分仍需考虑计算机学科“宽口径”人才培养，要平衡多个专业方向的需求，这就使得能专门用于人工智能的课程数量远远不能满足需求，导致人工智能专业课程只能浓缩到“高级科普”程度。

事实上，即便不考虑课程数量，仅从已开设课程的内容来说，也与人工智能人才培养的需求有很大距离。以人工智能所需的五大数学基础（线性代数+矩阵论、数学分析、概率论＋数理统计、最优化方法、数理逻辑）为例，目前计算机学科的线性代数课程的内容很浅，通常不开设矩阵论，很多学生甚至没接触过矩阵求导，这对机器学习等人工智能核心课程的学习造成了很大障碍；数学分析课程的内容通常很浅，甚至可能与其他数学课程压缩到一起；概率论与数理统计课程的内容仅是蜻蜓点水；最优化方法课程一般不开设；数理逻辑课程一般是选修，甚至不开设。这就造成计算机学科的一般学生在学习人工智能核心课程之前往往需专门花时间自学加强数学基础。另一方面，人工智能应用中所涉及的智能硬件与材料、传感器设计与应用等内容，已经超出了计算机科学与技术学科的范畴。

综合上述考虑，我们得出的结论是：创办一流大学人工智能教育需要建设新的课程体系。与其在现有学科培养体系框架下修修补补，不如从头根据人工智能学科自身的特点进行建设。

我们相信，正确落实教育部《高等学校人工智能创新行动计划》将大幅度增强我国人工智能领域人才培养力度，为新一代人工智能发展提供战略支撑。

作者：周志华

原文发表于《中国高等教育》2018 年第 9 期

CHAPTER2

第2章 南京大学人工智能学院本科培养方案

2.1 专业方向简介

人工智能（Artificial Intelligence，AI）希望借鉴人的智能行为，研制出更好的工具以减轻人类智力劳动。人工智能技术和产业飞速发展，已经涉及工业、农业、商业、金融、国防、科教、文卫和百姓生活的方方面面，有潜力带动新一轮信息技术革命，提升人类社会的生产力。为此，我国先后发布了《“互联网 +”人工智能三年行动实施方案》《新一代人工智能发展规划》等战略性文件，系统布局我国人工智能相关技术产业与应用的发展。然而，人工智能人才短缺已经成为制约人工智能飞速发展的瓶颈问题，人工智能人才的培养也成为教育界和产业界共同关注的焦点。为积极促进我国人工智能发展，加速我国智能化建设，增强我国国际竞争力，急需培养大批人工智能领域的实用型、交叉复合型、创新型的研发及管理人才。

人工智能从计算机科学的一个分支发展而来，经过 60 多年的发展，已经形成了庞大的知识体系，逐步成为一个独立的学科领域，侧重点也和传统的计算机领域有很大差别，需要具备更广泛深入的数学基础、计算和程序基础，以及全面深入的人工智能专业知识，所以需要在培养及教学方面和传统的计算机科学做出区分，形成独立的、系统化的培养方案和教学计划，以更好更专地促进人工智能方向人才的培养。

为促进南京大学人工智能专业本科生在入学、培养、毕业和学位授予等环节的规范化，确保培养质量，根据教育部有关要求，依据南京大学有关本科生培养的规定，制定本方案。

本方案作为南京大学培养人工智能专业本科生的指导性文件，规定其培养目标、方向和要求，以及培养对象、方式及学习年限，并就其课程设置、课程修读等方面给出指导性意见。

2.2 培养目标和专业特色

1. 培养目标

人工智能学院的目标是培养在人工智能领域具备源头创新能力、具备解决关键技术难题能力的人才。人工智能专业本科生的培养目标是，在国务院《新一代人工智能发展规划》对人工智能进行系统布局的大环境下，响应党的十九大报告中提出的推动互联网、大数据、人工智能和实体经济深度融合的号召，应对人工智能人才短缺的现实需求，围绕人工智能专业的具体内涵，培养人工智能基础研究、应用研究、运行维护等方面的专业研究与技术人才，使其掌握跨学科的自然科学基础知识，具备良好的外语运用能力，具有扎实的数学理论、计算机科学基础和人工智能专业基础，具有丰富的实践、动手能力，能自主发现问题、解决问题，发扬个人的自主能动性，在人工智能科学研究创新能力、应用创新能力和交叉领域融合创新能力方面具有特色，满足国家、军队、社会智能化建设和发展的需要，推进技术进步，引领社会发展。

图 2-1 是南京大学人工智能学院人才能力构成图。

图 2-1 南京大学人工智能学院人才能力构成图

2. 办学特色

- **学科基础厚**。经几十年努力，南京大学计算机学科的人工智能方向在科学研究、人才培养、国家贡献等各个方面均居国内人工智能方向的前列，享有良好的国际国内声誉，在学术界和产业界有很大影响，具有非常雄厚的学科基础。
- **师资力量强**。在师资力量方面，教师团队汇集了国际国内人工智能领域的顶尖专家学者，这些专家学者 100% 进入本科教学环节，为本科学生提供强有力的专业指导。
- **培养平台高**。提供“本、硕、博”一体化和国际化培养途径，国家级实验教学示范中心、软件新技术国家重点实验室向本科学生全面开放，提供高层次的培养平台。
- **教学体系全**。围绕“夯实基础、深化专业、复合知识、加强实践”的方针，基础方面加强和重视数学课程的学习，专业方向课程涉及广泛的人工智能各研究方向和领域，安排一组可拆卸与重组的专业方向课程模块供各方向学生选修，着重培养复合型人才，开设相关交叉课程，通过实践课、企业实习等方式加强学生的动手能力和解决实际问题能力。

- **国际交流广**。人工智能学院和美国、欧洲、日本、加拿大等建立了长期稳定的国际交流机制。计划设立专项基金支持本科学生的国际交流，可以出国访学、留学、交换。
- **培养方式多**。人工智能专业实践从大一开始进行，在第一学期即安排企业实训，进行实地考察学习。通过了解人工智能企业的产品形态和开发实现过程，理解人工智能各科目学习的重要性，此后各个暑假期间由专业教师带队参加企业实训，深入强化动手实践能力。学生按三三制培养方案分流，开始于三年级，具体如下：
  1）**学术创新型：**进入科研实验室，选取人工智能专业相关科研问题进行实践。
  2）**创业就业型：**进入创业孵化器，构造人工智能相关软件原型系统，或者进入人工智能相关企业，面向实际应用问题进行软件研发、实习等。
  3）**交叉复合型：**通过人工智能专业与其他专业的结合，解决相关科学问题。

2.3 培养毕业要求

1. 素质结构要求

思想道德素质：热爱祖国，拥护中国共产党的领导，具有科学的世界观、人生观和价值观；具有责任心和社会责任感；具有法律意识，自觉遵纪守法；热爱本专业，注重职业道德修养；具有诚信意识和团队精神。

文化素质：具有一定的文学艺术修养和现代意识，具有国际视野和跨文化的交流、竞争与合作能力。

专业素质：掌握科学思维方法和科学研究方法；具备求实创新意识和严谨的科学素养；了解与本专业相关的产品研发、生产、设计的法律、法规，熟悉环境保护和可持续发展等方面的方针、政策和法律、法规，能正确认识科学研究与工程应用对于客观世界和社会的影响，具有一定的工程意识和效益意识。

身心素质：具有较好的身体素质和心理素质。

2. 能力结构要求

基本能力：具有适应发展及终身学习的能力；掌握文献检索、资料查询及其他手段获取相关信息的基本方法；具有较强的表达能力和人际交往能力以及在团队中发挥作用的能力。

专业能力：具备良好的数学能力和牢固的计算机专业知识基础；掌握扎实的人工智能基础理论和专业知识，了解前沿发展现状和趋势；具有扎实的思考、分析和解决问题的能力，具体表现为良好的算法能力、系统能力、人工智能应用能力以及和其他学科的融合及创新应用能力；具有扎实的工程基础知识和实践能力。

创新能力：具备以互联网、大数据及人工智能为核心的创造性思维能力，具备人工智能理论、技术、应用及交叉学科融合的科学研究能力以及对新知识、新技术的敏锐性。

3. 知识结构要求

工具性知识：掌握外语、文献检索、科技写作等能力。

人文社会自然科学知识：通过学习文学、哲学、政治学、社会学、法学、思想道德、职业道德、艺术等课程，了解人文社会自然科学知识，探究应用此类知识与人工智能学科交叉融合的方法。

数学基础知识：通过学习数学分析、高等代数、离散数学、数理逻辑、概率论与数理统计、最优化方法导论等课程，具备求实创新意识和严谨的科学素养，具备良好的数学能力及应用数学知识解决专业问题的能力。

学科基础知识：通过学习程序设计基础、数字系统设计基础、数据结构与算法分析、计算机系统基础、人工智能程序设计、操作系统导论等课程，了解与本专业相关的产品研发、生产、设计的流程，能正确认识科学研究与工程应用对于客观世界和社会的影响，具有一定的工程意识和效益意识；了解人工智能前沿发展现状和趋势，具有扎实的思考、分析和解决问题的能力。

专业方向知识：通过学习人工智能导论、机器学习导论、知识表示与处理、模式识别与计算机视觉、自然语言处理等课程，掌握扎实的人工智能专业知识，具有扎实的工程基础知识和实践能力，具备以互联网、大数据及人工智能为核心的创造性思维能力。

数学拓展知识：通过学习计算方法、实变函数与泛函分析、计算机数学建模、矩阵计算、随机过程、组合数学、时间序列分析等课程，掌握科学思维方法和科学研究方法，具备扎实的数学拓展能力。

学科拓展知识：通过学习数字信号处理、数据库概论、编译原理、形式语言与自动机、计算机体系结构、高级优化、概率图模型等课程，掌握良好的算法能力、系统能力、人工智能应用能力以及扎实的学科拓展能力。

专业拓展知识：通过学习高级机器学习、控制理论与方法、分布式与并行计算、多智能体系统、机器人学导论、深度学习平台及应用、强化学习、神经网络、启发式搜索与演化算法、信息检索、复杂结构数据挖掘、机器学习理论研究导引、智能推理与规划、智能系统设计与应用、语音信号处理、符号学习、异常检测与聚类、博弈论及其应用等课程，掌握适应发展及终身学习的能力，掌握文献检索、资料查询及其他手段获取相关信息的基本方法，具有较强的表达能力和人际交往能力以及在团队中发挥作用的能力，具备扎实的专业拓展能力。

交叉复合知识：通过学习认知科学导论、神经科学导论、智能硬件与新器件、人工智能伦理、生物信息学等课程，具备人工智能理论、技术、应用及交叉学科融合的科学研究能力以及对新知识、新技术的敏锐性。

应用实践知识：通过学习人工智能导引、程序设计实训（一）、程序设计实训（二）等课程，掌握扎实的工程基础知识和实践能力。

2.4 培养规格路径

学制采用四年指导性学分制。学分修满，符合学校和人工智能学院学位授予规定，授予工学学士学位。

人工智能专业的培养路径按照南京大学三三制本科培养体系要求，具体表现为以下三个阶段：

1）**通识通修教育和大类培养阶段：**该阶段主要设置在大学一年级。

2）**专业基础和专业核心教学阶段：**该阶段将完成人工智能专业所有平台课程学习和相关能力培养。

3）**毕业出口分流阶段：**因为本大类只有人工智能一个专业，故所有学生进入人工智能专业，不存在专业分流问题。

2.5 课程体系设置

1. 通识通修课程

通识课程可修读学校通识教育课程，要求不少于14学分。其中，“悦读经典计划”“科学之光”育人项目至少各选修1个学分，美育应选修2个学分，劳育应选修2个学分（含1个劳动教育课程学分、1个劳动教育实践学分）。其他通识必修学分要求按照国家相关规定执行。

通修课程应修学分为 34 学分，为必修课程。通识通修课程清单如表 2-1 所示。

表 2-1　通识通修课程设置

课程类别	课程号	课程名称	学分	修读学期	理论 / 实践
通识（≥ 14 学分）	学生毕业前应获得至少 14 个通识学分。其中，“悦读经典计划”“科学之光”育人项目至少各选修 1 个学分，美育应选修 2 个学分，劳育应选修 2 个学分（含 1 个劳动教育课程学分、1 个劳动教育实践学分）。				
通修（34 学分）	00020010A	大学英语Ⅰ（听说 + 读写）	4	1	理论
	00020010B	大学英语Ⅱ（听说 + 读写）	4	2	理论
	00000110	马克思主义基本原理	3	1	理论 + 实践
	00000020	思想道德与法治	3	2	理论 + 实践
	00000041	中国近现代史纲要	3	3	理论 + 实践
	00000030A	毛泽东思想和中国特色社会主义理论体系概论（理论部分）	3	4	理论
	00000030B	毛泽东思想和中国特色社会主义理论体系概论（实践部分）	2	4	实践
	00000090	习近平新时代中国特色社会主义思想概论	2	6	理论
	00000080	形势与政策 1 ～ 8	2	1 ～ 8	理论
		大学体育（一）、（二）、（三）、（四）	4	1 ～ 4	实践
	00050030	军事技能训练	2	1	理论
	00050010	军事理论	2	2	理论

2. 学科专业课程

学科专业课程分为数学基础课程、学科基础课程和专业核心课程。

数学基础课程应修学分为 30 学分，为必修课程。数学基础课程清单如表 2-2 所示。

表 2-2　数学基础课程设置

课程类别	课程号	课程名称	学分	修读学期	理论 / 实践
数学基础（30 学分）	30000010A	数学分析（一）	5	1	理论
	30000020A	高等代数（一）	4	1	理论
	30000070	离散数学	4	1	理论
	30000010B	数学分析（二）	5	2	理论
	30000020B	高等代数（二）	4	2	理论
	30000060	数理逻辑	2	2	理论
	30000100	概率论与数理统计	4	3	理论
	30000120	最优化方法导论	2	3	理论

学科基础课程应修学分为25学分，为必修课程。学科基础课程清单如表2-3所示。

表2-3 学科基础课程设置

课程类别	课程号	课程名称	学分	修读学期	理论/实践
学科基础（25学分）	30000090	人工智能导引	1	1	理论+实践
	30000080	程序设计基础	5	1	理论+实践
	30000190	数字系统设计基础	3	2	理论+实践
	30000030	人工智能程序设计	4	2	理论+实践
	30000110	数据结构与算法分析	4	3	理论+实践
	30000130	计算机系统基础	5	3	理论+实践
	30000200	操作系统导论	3	4	理论+实践

专业核心课程应修学分为10学分，为必修课程。专业核心课程清单如表2-4所示。

表2-4 专业核心课程设置

课程类别	课程号	课程名称	学分	修读学期	理论/实践
专业核心（10学分）	30000040	人工智能导论	2	3	理论
	30000150	机器学习导论	2	4	理论
	30000160	知识表示与处理	2	4	理论
	30000170	模式识别与计算机视觉	2	6	理论+实践
	30000180	自然语言处理	2	6	理论+实践

3. 多元发展课程

多元发展课程为选修课程，分为保研必修课程、专业选修课程、本研共修课程和暑期课程。

保研必修课程清单如表2-5所示。

表2-5 保研必修课程设置

课程类别	课程号	课程名称	学分	修读学期	理论/实践
保研必修（7选6）	30000240	计算方法	2	4	理论
	30000250	控制理论与方法	2	5	理论
	30000220	数字信号处理	2	5	理论+实践
	30000230	高级机器学习	2	5	理论+实践
	30000330	编译原理	2	5	理论+实践
	30000280	分布式与并行计算	2	5	理论+实践
	30000270	多智能体系统	2	6	理论+实践

专业选修课程清单如表 2-6 所示。

表 2-6　专业选修课程设置

课程类别	课程号	课程名称	学分	修读学期	理论 / 实践
专业选修	30000350	认知科学导论	2	4	理论
	30000430	矩阵计算	2	6	理论
	30000320	随机过程	2	6	理论
	22010240	组合数学	2	6	理论
	30000360	神经科学导论	2	7	理论
	30000390	人工智能伦理	2	8	理论
	30000210	实变函数与泛函分析	4	4	理论 + 实践
	30000260	机器人学导论	2	4	理论 + 实践
	30000140	数据库概论	2	5	理论 + 实践
	30000650	深度学习平台及应用	2	5	理论 + 实践
	22010540	计算机数学建模	2	5	理论 + 实践
	22011120	形式语言与自动机	3	5	理论 + 实践
	22011180	计算机体系结构	2	6	理论 + 实践
	30000550	信息检索	2	6	理论 + 实践
	30000380	智能硬件与新器件	2	6	理论 + 实践
	30000580	复杂结构数据挖掘	2	7	理论 + 实践

本研共修课程清单如表 2-7 所示。

表 2-7　本研共修课程设置

课程类别	课程号	课程名称	学分	修读学期	理论与实践
本研共修	081200D81	时间序列分析	2	7	理论
	085401D22	神经网络	2	6	理论 + 实践
	081200C12	强化学习	3	7	理论 + 实践
	081200C10	智能推理与规划	2	7	理论 + 实践
	081200D70	启发式搜索与演化算法	2	7	理论 + 实践
	081200B14	高级优化	3	7	理论 + 实践
	081200C13	语音信号处理	2	7	理论 + 实践
	081200D62	概率图模型	2	7	理论 + 实践
	081200D83	生物信息学	2	7	理论 + 实践
	081200D77	异常检测与聚类	2	7	理论 + 实践
	081200C04	机器学习理论研究导引	2	8	理论 + 实践
	081200B13	智能系统设计与应用	2	8	理论 + 实践
	081200D76	符号学习	2	8	理论 + 实践
	081200B12	博弈论及其应用	3	8	理论 + 实践

暑期课程清单如表 2-8 所示。

表 2-8 暑期课程设置

课程类别	课程号	课程名称	学分	修读学期	理论与实践
暑期课程	30000010T	程序设计实训（一）	1	大一暑期	实践
	30000020T	程序设计实训（二）	1	大二暑期	实践

4. 毕业设计与论文

学生通过学习项目制课程“人工智能导引”，初步确定毕业设计及论文的研究方向，并且通过大二到大四的进组实践学习，循序渐进，逐步提升，具备文献检索、资料查询及其他手段获取相关信息的能力，具备优秀的算法能力、系统能力、人工智能应用能力以及和其他学科的融合及创新应用能力，在大四下学期，根据之前的积累，完成毕业设计与论文。

毕业设计与论文为必修，学分为 6 学分。毕业设计与论文课程设置如表 2-9 所示。

表 2-9 毕业设计与论文课程设置

课程号	课程名称	学分	修读学期	理论 / 实践
30000660	毕业设计与论文	6	8	实践

2.6 本科人才培养方案和指导性教育教学计划（2022 版）

南京大学人工智能本科人才培养方案和教学计划（2022 版）如表 2-10 所示。

表 2-10 人工智能本科人才培养方案和教学计划

课程类别	课程号	课程名称	学分	修读学期	理论 / 实践
通识（≥ 14 学分）	学生毕业前应获得至少 14 个通识学分。其中，“悦读经典计划”“科学之光”育人项目至少各选修 1 个学分，美育应选修 2 个学分，劳育应选修 2 个学分（含 1 个劳动教育课程学分、1 个劳动教育实践学分）。				
通修（34 学分）（必修）	00020010A	大学英语Ⅰ（听说 + 读写）	4	1	理论
	00020010B	大学英语Ⅱ（听说 + 读写）	4	2	理论
	00000110	马克思主义基本原理	3	1	理论 + 实践
	00000020	思想道德与法治	3	2	理论 + 实践
	00000041	中国近现代史纲要	3	3	理论 + 实践
	00000030A	毛泽东思想和中国特色社会主义理论体系概论（理论部分）	3	4	理论
	00000030B	毛泽东思想和中国特色社会主义理论体系概论（实践部分）	2	4	实践
	00000090	习近平新时代中国特色社会主义思想概论	2	6	理论

（续）

课程类别		课程号	课程名称	学分	修读学期	理论 / 实践
通修（34 学分）（必修）		00000080	形势与政策 1 ～ 8	2	1 ～ 8	理论
			大学体育（一）、（二）、（三）、（四）	4	1 ～ 4	实践
		00050030	军事技能训练	2	1	理论
		00050010	军事理论	2	2	理论
学科基础（55 学分）（必修）	数学基础（30 学分）	30000010A	数学分析（一）	5	1	理论
		30000020A	高等代数（一）	4	1	理论
		30000070	离散数学	4	1	理论
		30000010B	数学分析（二）	5	2	理论
		30000020B	高等代数（二）	4	2	理论
		30000060	数理逻辑	2	2	理论
		30000100	概率论与数理统计	4	3	理论
		30000120	最优化方法导论	2	3	理论
	学科基础（25 学分）	30000090	人工智能导引	1	1	理论 + 实践
		30000080	程序设计基础	5	1	理论 + 实践
		30000190	数字系统设计基础	3	2	理论 + 实践
		30000030	人工智能程序设计	4	2	理论 + 实践
		30000110	数据结构与算法分析	4	3	理论 + 实践
		30000130	计算机系统基础	5	3	理论 + 实践
		30000200	操作系统导论	3	4	理论 + 实践
专业核心（10 学分）（必修）		30000040	人工智能导论	2	3	理论
		30000150	机器学习导论	2	4	理论
		30000160	知识表示与处理	2	4	理论
		30000170	模式识别与计算机视觉	2	6	理论 + 实践
		30000180	自然语言处理	2	6	理论 + 实践
专业选修	保研必修（7 选 6）	30000240	计算方法	2	4	理论
		30000250	控制理论与方法	2	5	理论
		30000220	数字信号处理	2	5	理论 + 实践
		30000230	高级机器学习	2	5	理论 + 实践
		30000330	编译原理	2	5	理论 + 实践
		30000280	分布式与并行计算	2	5	理论 + 实践
		30000270	多智能体系统	2	6	理论 + 实践
	其他专业选修	30000350	认知科学导论	2	4	理论
		30000430	矩阵计算	2	6	理论
		30000320	随机过程	2	6	理论
		22010240	组合数学	2	6	理论
		30000360	神经科学导论	2	7	理论
		30000390	人工智能伦理	2	8	理论
		30000210	实变函数与泛函分析	4	4	理论 + 实践
		30000260	机器人学导论	2	4	理论 + 实践
		30000140	数据库概论	2	5	理论 + 实践

（续）

课程类别		课程号	课程名称	学分	修读学期	理论 / 实践
专业选修	其他专业选修	30000650	深度学习平台及应用	2	5	理论 + 实践
		22010540	计算机数学建模	2	5	理论 + 实践
		22011120	形式语言与自动机	3	5	理论 + 实践
		22011180	计算机体系结构	2	6	理论 + 实践
		30000550	信息检索	2	6	理论 + 实践
		30000380	智能硬件与新器件	2	6	理论 + 实践
		30000580	复杂结构数据挖掘	2	7	理论 + 实践
	本研共修	081200D81	时间序列分析	2	7	理论
		085401D22	神经网络	2	6	理论 + 实践
		081200C12	强化学习	3	7	理论 + 实践
		081200C10	智能推理与规划	2	7	理论 + 实践
		081200D70	启发式搜索与演化算法	2	7	理论 + 实践
		081200B14	高级优化	3	7	理论 + 实践
		081200C13	语音信号处理	2	7	理论 + 实践
		081200D62	概率图模型	2	7	理论 + 实践
		081200D83	生物信息学	2	7	理论 + 实践
		081200D77	异常检测与聚类	2	7	理论 + 实践
		081200C04	机器学习理论研究导引	2	8	理论 + 实践
		081200B13	智能系统设计与应用	2	8	理论 + 实践
		081200D76	符号学习	2	8	理论 + 实践
		081200B12	博弈论及其应用	3	8	理论 + 实践
	暑期课程	30000010T	程序设计实训（一）	1	大一暑期	实践
		30000020T	程序设计实训（二）	1	大二暑期	实践
跨专业选修		跨专业选修其他专业课程				
公共选修		选修全校公共选修课程				
毕业设计与论文（6学分）		30000660	毕业设计与论文	6	8	实践
毕业前总学分需修满150学分						

数学基础课程教学大纲

3.1 “数学分析（一）”教学大纲

■ 课程概要

课程编号	30000010A	学分	5	学时	80	开课学期	第一学期
课程名称	中文名：数学分析（一） 英文名：Mathematical Analysis（1）						
课程简介	本课程是人工智能专业重要的数学基础课程之一，使学生对数学分析的基本理论、基本知识、基本概念和性质有深刻的理解和认识，能够用数学分析的思想和方法来分析和解决问题。						
教学要求	要求学生在实数理论的基础上，透彻理解实数完备性的相关定理，准确掌握数学分析的基本理论、基本概念，注重培养学生的抽象思维能力、逻辑推理能力、运算能力以及综合运用所学知识分析问题和解决问题的能力，为学习后续课程打下坚实的基础。						
教学特色	体系完备，分析的思想贯穿全过程，注重概念的理解与运用，强化分析问题、解决问题的能力！						
课程类型	☑ 专业基础课程　☐ 专业核心课程 ☐ 专业选修课程　☐ 实践训练课程						
教学方式（单选）	☑ 讲授为主　☐ 实验 / 实践为主　☐ 专题讨论为主 ☐ 案例教学为主　☐ 自学为主　☐ 其他（为主）						
授课语言（单选）	☑ 中文　☐ 中文 + 英文（英文授课比例 %） ☐ 英文　☐ 其他外语（ ）						
考核方式（单选）	☑ 考试　☐ 考查 ☐ 考试 + 考查　☐ 其他（ ）						
成绩评定标准	期中考试（占 30%），平时作业 + 出勤（占 20%），期末考试（占 50%）						
教材及主要参考资料	[1] 王绵森，马知恩. 工科数学分析（上、下册）[M]. 3 版. 北京：高等教育出版社，2017. [2] 菲赫金哥尔茨. 微积分学教程 [M]. 8 版. 北京：高等教育出版社，2006. [3] 常庚折，史济怀. 数学分析教程 [M]. 北京：高等教育出版社，2003.						
先修课程	无						

大纲提供者：范红军

■ 教学内容（80学时）

第一部分 分析基础（20学时）

- 概念：集合（set），实数集（real set），确界（supremum），逻辑符号（logical symbol），映射（mapping），数列（sequence），子数列（subsequence），函数（function），极限（limit），无穷小量（infinitesimal），基本数列（basic sequence），连续（continuous），一致连续（uniformly continuous），阶（order），主部（principal part）。
- 内容：集合的概念，数集的界、确界的概念，映射的概念，数列极限的定义，函数极限的定义，单边极限，海涅（Heine）定理，局部保号性，极限的四则运算，无穷小量的定义与性质，复合函数的极限，实数系的完备性，确界定理，单调有界定理，闭区间套定理，Weierstrass 收敛子列定理，柯西收敛准则，有限覆盖定理，两个重要的极限，连续的定义与性质，间断点的分类，反函数的连续性，复合函数的连续性，初等函数的连续性，闭区间上连续函数的性质，一致连续性及其性质，Gantor 定理，无穷小量的比较，无穷小量的阶，不定型。

第二部分 一元函数微分学（20学时）

- 概念：导数（derivative），微分（differential），高阶导数（higher-order derivative），高阶微分（higher-order differential），泰勒多项式（Taylor polynomial），函数的极值（extreme value of function）、最值（ maximum value），凸函数（convex function），凹凸性（concavity and convexity，），渐近线（asymptote），参数方程（parametric equation）。
- 内容：导数、微分的四则运算，复合求导的连锁法则，反函数的存在定理，反函数求导法，高阶导数的莱布尼茨公式，一阶微分的不变性，参数方程求导法，费马定理，罗尔中值定理，拉格朗日中值定理，柯西中值定理，罗必塔法则，泰勒有限展开定理，麦克劳林公式，函数单调性判别法，极值判别法，凹凸性的判别，拐点判别法，渐近线的计算。

第三部分 一元函数积分学（20学时）

- 概念：定积分（definite integral），R 可积性（R integrability），达布和（Darboux sum），上、下极限（upper and lower limits），振幅和（amplitude sum），原函数（original function），不定积分（indefinite integral），变限积分（variable limit integral)，有理函数（rational function)，弧长（arc length)，曲率（curvature)。

- 内容：定积分的定义，函数的 R 可积性，达布和，达布上和、下和，上、下极限，振幅和，原函数的定义，不定积分的定义，可积函数的连续性，变限积分的导数，牛顿－莱布尼茨公式，换元积分法，分部积分法，平面图形的面积，已知横截面面积的立体的体积，曲线的弧长与弧微分，旋转面的面积，平面曲线的曲率。

第四部分 多元函数微分学（20 学时）

- 概念：n 维欧式空间（n-dimensional Euclidean space)，邻域（neighborhood)，内点（inner point)，外点（outer point)，边界点（boundary point)，区域（region)，闭包（closure)，聚点（aggregation point)，重极限（multiple limit)，累次极限（repeated limit)，方向极限（direction limit)，多元函数的连续性（continuity of multivariate function)，偏导数（partial derivative)，全微分（total differential)，复合微分法（compound differential method)，高阶偏导数（higher-order partial derivative)，高阶微分（higher-order differential)，多元函数的泰勒展开（Taylor expansion of multivariate function)，隐函数（implicit function)，向量值函数（vector value function)，空间曲线的切线与法平面（tangent and normal plane of spatial curve)，空间曲面的切平面与法线（tangent plane and normal of spatial surface)，雅可比矩阵（Jacobian matrix)，行列式（determinant)，函数的相关性（correlation of function)，多元函数的极值（extreme value of multivariate function)，条件极值（conditional extreme value)，拉格朗日乘数法（Lagrange multiplier method)，最小二乘法（least square method)，曲面的参数方程（parametric equation of surface)，曲面的第一、二基本形式（first and second basic forms of surface)。
- 内容：多维空间的基础拓扑，多元函数、向量值函数的概念，重极限的定义，累次极限的定义，方向极限的定义，重极限与累次极限的关系，多元函数的连续性，闭区域上连续函数的性质，偏导数的定义，全微分的定义，复合函数微分法，高阶偏导数，高阶全微分，多元函数的泰勒公式，隐函数及其微分法，向量值函数的微分法，曲线的切线与法平面，曲面的切平面与法线，函数的相关性，二元函数的极值，条件极值，拉格朗日乘数法，最小二乘法，曲面的第一、第二基本形式。

3.2 “高等代数（一）”教学大纲

■ 课程概要

课程编号	30000020A	学分	4	学时	80	开课学期	第一学期
课程名称	中文名：高等代数（一） 英文名：Advanced Algebra（1）						
课程简介	本课程是人工智能专业重要的数学基础课程之一，使学生对高等代数的基本知识、基本概念和性质、基本理论和方法有深刻的理解和认识，不断提高分析问题和解决问题的能力。						
教学要求	要求学生掌握高等代数的基本理论体系、基本思想方法；对解题技巧有更全面、更深入的体会和更准确的理解；能对问题的类型、解题思路和方法进行归纳、总结，探索解题规律；进一步提高学生的数学修养、科学思维、逻辑推理能力，逐步学会用空间的观点解决数学中的问题。						
教学特色	讲透原理、重在理解、突出重点、提高能力。						
课程类型	☑ 专业基础课程　☐ 专业核心课程 ☐ 专业选修课程　☐ 实践训练课程						
教学方式（单选）	☑ 讲授为主　☐ 实验 / 实践为主　☐ 专题讨论为主 ☐ 案例教学为主　☐ 自学为主　☐ 其他（为主）						
授课语言（单选）	☑ 中文　☐ 中文 + 英文（英文授课比例 %） ☐ 英文　☐ 其他外语（ ）						
考核方式（单选）	☑ 考试　☐ 考查 ☐ 考试 + 考查　☐ 其他（ ）						
成绩评定标准	期中考试 + 平时作业 + 出勤（占 40%），期末考试（占 60%）						
教材及主要参考资料	[1] 北京大学数学系前代数小组. 高等代数 [M]. 4 版. 北京：高等教育出版社，2013. [2] 林成森，盛松柏. 高等代数 [M]. 南京：南京大学出版社，1993. [3] 姚慕生. 高等代数 [M]. 上海：复旦大学出版社，2003.						
先修课程	无						

大纲提供者：申富饶

■ 教学内容（80 学时）

第一部分　多项式（10 学时）

- 概念：数域（number field），一元多项式（polynomial of a variable），次数（degree），因式（factor），互素（coprime），不可约多项式（irreducible polynomial），多项式因式分解（factorization of polynomial），重因式（multiple factor），多项式

函数（polynomial function），本原多项式（primitive polynomial），多元多项式（polynomial in several variables），齐次多项式（homogeneous polynomial），对称多项式（symmetric polynomial）。

- 内容：多项式的运算，带余除法，辗转相除法，整除，因式分解及唯一性定理，重因式，余数定理，复系数多项式因式分解定理，实系数多项式因式分解定理，有理系数多项式的基本性质，本原多项式及其性质，艾森斯坦因（Eisenstein）判别法，对称多项式基本定理。

第二部分　行列式（10 学时）

- 概念：排列（permutation），逆序（数）（reverse，reversal number），奇（偶）排列[odd（even）permutation]，行列式（determinant），$s \times n$ 矩阵（$s \times n$ matrix），方阵（square matrix），矩阵的行列式（determinant of a matrix），初等行（列）变换[elementary row（column）transformation]，代数余子式（algebraic cofactor），（齐次）线性方程组[system of（homogeneous）linear equations]，解（solution），k级子式（k-factor）。
- 内容：排列的定义和性质，行列式的定义、性质及计算，行列式（矩阵）的初等行（列）变换与行列式的计算，行列式按照一行（列）展开，代数余子式的性质，范德蒙（Vandermonde）行列式的性质与计算，克兰姆（Cramer）法则，拉普拉斯（Laplace）定理和行列式的乘法规则。

第三部分　线性方程组（20 学时）

- 概念：自由未知量（free variable），系数矩阵（matrix of coefficients），增广矩阵（extended matrix），向量组（class of vectors），线性组合（linear combination），线性表出（linear expression），等价（linear equivalence），线性相关（linear dependence），线性无关（linear independence），极大线性无关组（maximal linear independent class），向量组的秩（rank of vector class），矩阵的行秩（row rank of matrix），矩阵的列秩（column rank of matrix），矩阵的秩（rank of matrix），导出的线性方程组（derived system of linear equations），基础解系（basic set of solutions），高次方程（equation of higher degree）。
- 内容：高斯消元法，n 维向量空间的定义及性质，矩阵的秩、秩的性质及求法，（齐次）线性方程组有（非零）解的判定，线性方程组解的结构及其求解，求解二元高次方程组的一般方法。

第四部分 矩阵（20学时）

- 概念：矩阵（matrix），单位矩阵（identity matrix），数量矩阵（scalar matrix），转置（transpose），可逆矩阵（invertible matrix），逆矩阵（inverse matrix），伴随矩阵（associated matrix），初等矩阵（elementary matrix），等价矩阵（equivalent matrix），矩阵的标准形（standard form of a matrix），广义逆矩阵（generalized inverse matrix）。
- 内容：矩阵的加、减、乘积、数量乘积等运算以及矩阵转置，矩阵乘积的行列式和矩阵乘积的秩的性质，伴随矩阵的定义及性质，可逆矩阵的定义、性质、判定及其逆矩阵的求法，初等矩阵的性质及可逆矩阵的分解，分块矩阵的运算、初等变换及其应用，广义逆矩阵的性质及齐次线性方程组解的结构。

第五部分 二次型（20学时）

- 概念：二次型（quadratic form），二次型的矩阵（matrix of a quadratic form），对称矩阵（symmetric matrix），矩阵的合同（congruence of matrices），二次型的标准形（standard form of a quadratic form），二次型的规范形（normal form of a quadratic form），惯性指数（index of inertia），正定二次型（positively definite quadratic form），半正定二次型（positively semi-definite quadratic form），正定矩阵（positively definite matrix），半正定矩阵（positively semi-definite matrix），主子式（chief factor），顺序主子式（ordinal chief factor）。
- 内容：二次型的定义及矩阵表示，二次型（对称矩阵）的标准形及化简二次型（对称矩阵）的理论推导，复、实系数二次型的规范形的唯一性及理论推导，（半）正定二次型（矩阵）的定义、性质及判定，矩阵的合同不变性质。

3.3 “离散数学”教学大纲

■ 课程概要

课程编号	30000070	学分	4	学时	64	开课学期	第一学期
课程名称	中文名：离散数学						
	英文名：Discrete Mathematics						

（续）

课程简介	本课程是人工智能专业重要的数学基础课程之一，其集成了基础数学与应用数学中的多个不同分支。它主要研究离散对象的数学结构以及基于这些结构的证明、演算、求解与推理理论。对于完全面向离散对象进行处理的人工智能学科而言，离散数学是其理论与技术的重要基础，对培养学生的抽象思维、逻辑推理以及问题求解能力有重要意义。
教学要求	面对从人工智能各子领域以及纷繁复杂的人工智能应用中衍生出来的各种复杂问题，本课程的课堂教学希望构建可回答以下四个方面问题的完整闭环系统：（1）如何进行问题的洞察；（2）如何选择适当的离散对象以及工具进行建模；（3）如何选择适当的离散结构对带求解问题的数学结构进行有效描述；（4）如何选择合适的方法或算法进行高效求解。
教学特色	本课程的内容专门为人工智能方向一年级学生而进行了精心选择和优化设计，注重培养上述贯穿于从问题提出到问题解决全过程的基本数学方法、关键数学技巧和基础数学能力。简要而系统地介绍了数理逻辑初步、数学证明方法概论、归纳与递归结构等证明理论和证明技术，这对于人工智能相关的各数学分支中理论的证明与理解至关重要。课程还着重介绍了现代集合论、二元关系、代数系统、图、树等重要的离散结构，这对于人工智能相关应用的建模、人工智能系统的开发、评估与维护等都具有重要意义，并且也是数据结构、算法分析与设计、数理逻辑、计算理论等后续课程的重要理论铺垫。采用启发式的、面向问题的课堂教学方法并配合难度适中的习题与练习使学生在 15 周左右的时间内系统地掌握相关的离散数学模型、基本理论及应用技术。
课程类型	☑ 专业基础课程　　☐ 专业核心课程 ☐ 专业选修课程　　☐ 实践训练课程
教学方式 （单选）	☑ 讲授为主　　☐ 实验 / 实践为主　　☐ 专题讨论为主 ☐ 案例教学为主　　☐ 自学为主　　☐ 其他（为主）
授课语言 （单选）	☑ 中文　　☐ 中文 + 英文（英文授课比例 %） ☐ 英文　　☐ 其他外语（ ）
考核方式 （单选）	☑ 考试　　☐ 考查 ☐ 考试 + 考查　　☐ 其他（ ）
成绩评定标准	平时作业 + 课堂小测验（占 30%），期中测验（占 20%），期末测验（占 50%）
教材及主要参考资料	［1］Rosen K H. 离散数学及其应用（原书第 8 版）［M］. 徐六通，杨娟，吴斌，译. 北京：机械工业出版社，2019.
先修课程	无

大纲提供者：吴楠

■ 教学内容（64 学时）

第一部分　概述（4 学时）

- 概念：离散数学（discrete mathematics），连续数学（continue mathematics），科学（science），哲学（philosophy），艺术（art），方法学（methodology），论证（argument），求解（solve），证明（proof），数学模型（mathematical model），未

决问题（open problem）。

- 内容：什么是离散数学，离散数学包含哪些内容，为什么要学习离散数学，数学问题与数学模型，数学之美与人类之无助。

第二部分 形式逻辑与推理（8学时）

- 概念：直觉（intuition），自然语言（natural language），形式语言（formal language），歧义（ambiguity），元数学（metamathematics），逻辑（logic），数理逻辑（mathematical logic），命题（proposition），命题逻辑（propositional logic），真值（truth value），语法（syntax），语义（semantics），语用（pragmatics），命题联结词（propositional connective），命题表达式（propositional formula），文字（literal），范式（normal form），合取范式（conjunctive normal form），析取范式（disjunctive normal form），可判定性（decidability），命题演算（propositional calculus），推理（reasoning），逻辑推理（deduction），归纳推理（inductive reasoning），演绎推理（deductive reasoning），溯因推理（abductive reasoning），风范（paradigm），公理（axiom），公理推理系统（axiomatic deductive system），定理（theorem），推理规则（inference rule），自然推理系统（natural deductive system），完备性（completeness），有效性（soundness），谓词逻辑（predicate logic），个体（individual），谓词（predicate），量词（quantifier），论域（domain of discourse），不可判定性（undecidability），逻辑验证（logical verification），谓词演算（predicate calculus）。
- 内容：从哲学到数学，什么是逻辑，元数学导论，命题与命题逻辑，命题逻辑的推理系统，谓词逻辑初步，谓词逻辑的推理系统，逻辑系统与逻辑演算的应用。

第三部分 证明理论（4学时）

- 概念：证实（prove），假设（hypothesis），定论（mathematical certainty），前提（premise），结论（conclusion），严密（rigorous），形式化证明（formal proof），推导（derivation），包含选择公理的策梅洛－弗兰克尔集合论公理系统（ZFC），直接证明（direct proof），间接证明（indirect proof），反证（proof by contradiction），穷举（method of exhaustion），构造性证明（constructive proof），空证明（false entailment），平凡证明（trivial proof）。
- 内容：逻辑推理的三种方法（演绎推理、归纳推理与溯因推理）；什么是证明；

数学证明的基本框架与逻辑过程，多种证明方法简述，近代证明的新方法。

第四部分 集合论导引、归纳与递归（10 学时）

- 概念：数学危机（crises in mathematics），非欧几何（non-Euclidean geometry），庞加莱（H. Poincaré），康托尔（G. Cantor），罗素悖论（Russell's paradox），公理化集合论（axiomatic set theory），集合（set），抽象（abstraction），外延（extension），朴素集合论（native set theory），自指涉（self-reference），子集（subset），空集（null set），自然数（natural number），后继（succeed），冯·诺依曼（von Neumann），归纳集（inductive set），无穷集（infinity set），希尔伯特（D. Hilbert），无穷公理（axiom of infinity），幂集（power set），并集（union set），交集（intersection set），差集（difference of set），对称差集（symmetric difference of sets），文氏图（Venn diagram），广义并（arbitrary union），广义交（arbitrary intersection），集合代数（algebra of sets），交换性（commutativity），结合性（associative），分配性（distributivity），幂等律（idempotent law），德·摩根律（De Morgan's law），循环证明（circular proof），数学归纳法（mathematical induction），归纳公理（axiom of induction），选择公理（axiom of choice），奠基（basis），归纳假设（inductive hypothesis），归纳步骤（inductive step），良序（well-order），递归（recursion），皮亚诺算术（Peano's arithmetic），结构归纳法（structural induction）。
- 内容：数学基础的三次危机，集合的引入，公理化集合论的提出，集合论的基本理论，集合代数，数学归纳法，递归与结构归纳法。

第五部分 关系与函数（8 学时）

- 概念：序（order），序偶（ordered pair），关系（relation），二元关系（binary relation），库拉托夫斯基（Kuratowski），维纳（Wiener），笛卡儿积（Cartesian product），空关系（empty relation），全关系（entire relation），恒同关系（identical relation），定义域（domain），值域（range），域（field），关系图（relation graph），关系矩阵（relation matrix），逆（inverse），复合（composition），鸽笼原理（pigeonhole principle），自反性（reflexive），反自反性（irreflexive），对称性（symmetric），反对称性（anti-symmetric），强反对称性（strong anti-symmetric），传递性（transitive），等价关系（equivalence relation），等价类（equivalence class），同余模（congruence modulo），商集（quotient set），划分（partition），划分块

(block)，闭包(closure)，瓦舍尔算法(Warshall algorithm)，动态规划(dynamic programming)，贝尔数(Bell number)，函数(function)，参数(argument)，狄利克雷(Dirichlet)，陪域(codomain)，像(image)，原像(inverse image)，满射(surjection)，单射(injection)，双射(bijection)，反函数(inverse function)，基数(cardinals)，势(cardinality)，等势(equipotence)，可列集(numerable set)，阿列夫零(aleph null)，佯谬(paradox)，黎曼(Riemann)，对角线化证明法(diagonalization argument)。

- 内容：序进入数学，关系与二元关系，关系的运算，等价关系，等价类与集合的分解，函数，满射、单射与双射，函数的复合，反函数，集合的基数，等势与优势，Cantor 定理。

第六部分 群论导引(8学时)

- 概念：代数系统(algebraic system)，抽象代数(abstract algebra)，*n*-元运算(*n*-ary operation)，二元运算(binary operation)，封闭(closeness)，单位元(identity element)，逆元(inverse element)，零元(zero element)，编码系统(code system)，同构(isomorphism)，同构映射(isomorphic mapping)，同态(homomorphism)，同态映射(homomorphic mapping)，满同态(epimorphism)，群(group)，群论(group theory)，对称(symmetry)，不变性(invariance)，守恒性(conservation)，一一对应(one-one correspondence)，伽罗瓦(E. Galois)，半群(semigroup)，幺半群(monoid)，群公理(axioms of group)，群的阶(order of group)，阿贝尔群(Abelian group)，群方程(group equation)，子代数(subalgebra)，子群(subgroup)，平凡子群(trivial subgroup)，元素的阶(order of element)，陪集(coset)，指数(index)，拉格朗日定理(Lagrange's theorem)，循环群(cyclic group)，生成元(generator)，克莱恩群(Klein group)，最大公约数(greatest common divisor)，欧拉函数(Euler's totient function)，群同构(group isomorphism)，群同态(group homomorphism)。
- 内容：代数系统引论，对称的代数，群的代数结构，子群与群的分解，循环群，群同构与群同态。

第七部分 格与布尔代数(6学时)

- 概念：偏序关系(partially ordered relation)，偏序集(poset)，字典序(lexicographic order），哈斯图（Hasse diagrams），上确界（supremum/LUB），下确界（infimum/GLB），格（lattice），偏序格（partially ordered lattice），对偶命题（duality proposition），对偶原理（duality principle），代数格（algebraic lattice），吸收律（absorption law），子格（sub lattice），格同态（lattice homomorphism），链（chain），钻石格（diamond lattice），五角格（pentagon lattice），分配格（distributive lattice），有界格（bounded lattice），全下界（bottom），全上界（top），同一律（law of identity），补元（complement），有补格（complemented lattice），布尔格（Boolean lattice），布尔代数（Boolean algebra），原子（atom），有限布尔代数（finite Boolean algebra），斯通表示定理（Stone's representation theorem），逻辑代数（algebra of logic），卡诺图（Karnaugh map），信息论（information theory），比特（bit）。

- 内容：偏序集，从偏序集到偏序格，从偏序格到代数格，特殊的格，布尔代数引论，布尔代数的基本结构，布尔代数的应用。

第八部分　图论导引（10 学时）

- 概念：图（graph），哥尼斯堡七桥问题（seven bridges problem of Königsberg），欧拉图（Eulerian graph），四色问题（four color problem），基尔霍夫定律（Kirchhoff's law），网络流（network flow），周期图（periodic graph），同分异构体（isomer），树（tree），图论（graph theory），平面图（plane graph），旅行推销员问题（TSP），顶点（vertex），边（edge），重边（multiedge），环（loop），简单图（simple graph），伪图（pseudograph），有向图（directed graph），邻接矩阵（adjacency matrix），度（degree），最大度（maximum degree），最小度（minimum degree），握手定理（handshaking theorem），子图（subgraph），图的阶（order of graph），同构图（isomorphic graph），图同构（graph isomorphism），彼得森图（Petersen's graph），零图（null graph），线图（linear graph），圈图（circle graph），轮图（wheel graph），超立方体图（hypercube graph），正则图（regular graph），完全图（complete graph），二部图（bipartite graph），补图（complement graph），并图（union graph），交图（intersection graph），差图（difference graph），环合图（o-plus graph/symmetric difference graph），着色（coloring），着色数（coloring number），霍尔定理（Hall's problem），通路（walk），简单通路（trail），初级通路 / 路径（path），连通性（connectivity），连通图（connected graph），连通分支 /

连通分量（connected component），点割集（vertex cut set），割点（cut-vertex），边割集 / 割集（edge cut set），割边（cut-edge），桥（bridge），点连通度（vertex connectivity），*k*-（点）连通图（*k*-connected graph），边连通度（edge connectivity），*k*-边连通图（*k*-edge-connected graph），可遍历性（traversability），哈密顿图（Hamiltonian graph），欧拉通路（Eulerian trail），欧拉回路（Eulerian circle），半欧拉图（semi-Eulerian graph），判定定理（determination theorem），弗洛莱算法（Fluery's algorithm），哈密顿回路（Hamiltonian circle），半哈密顿图（semi-Hamiltonian graph），必要条件（necessary condition），充分条件（sufficient condition），扩大路径证明法（path-extension），极大路径（maximal path），最大路径（maximum path），闭图（closure of graph），入度（in degree），出度（out degree），有向通路（directed walk），有向回路（directed circle），弱连通（weak connected），强连通（strongly connected），边定向（edge redirection），有向欧拉图（directed Eulerian graph），德布鲁英序列（de Bruijn sequence），竞赛图（tournament），带权图（weighted graph），边的权值（weight of edge），源点（source），单源点最短路径（single-source shortest paths），贪心选择（greedy choice），戴克斯特拉（E. Dijkstra），戴克斯特拉算法（Dijkstra's algorithm），优雅（graceful）。

- 内容：图的基本概念，图的结构，图的连通性，欧拉图，哈密顿图，有向图，最短路径。

第九部分 树及其应用（6 学时）

- 概念：饱和烃 / 烷烃（saturated hydrocarbons），无回路图（acyclic graph），生成树（spanning tree），最小生成树（minimum spanning tree），克鲁斯卡尔算法（Kruskal's algorithm），普里姆算法（Prim's algorithm），管梅谷（Guan Meigu），有向树（directed tree），根树（rooted tree），层次（hierarchy），根（root），叶（leaf），内点（internal vertex），家族树（family tree），祖先顶点（ancestor vertex），父母顶点（parent vertex），兄妹顶点（sibling vertex），孩子顶点（child vertex），后代顶点（descendant vertex），子树（sub tree），二叉树（binary tree），二叉搜索树（binary search tree），高度平衡二叉树（AVL tree），有序树（ordered tree），二叉树的权（weight of binary tree），二元前缀编码（binary prefix code），最优二叉树（optimal binary tree），哈夫曼树（Huffman tree），哈夫曼算法（Huffman's algorithm），中序遍历（in-order traversal），前序遍历（pre-order traversal），后续遍历（post-order traversal），逆波兰表示法（reverse polish notation）。

- 内容：树的结构，特殊的数，树的数据结构与相关算法，根树，二叉树，树与二叉树的应用。

3.4 “数学分析（二）”教学大纲

■ 课程概要

课程编号	30000010B	学分	5	学时	80	开课学期	第二学期
课程名称	中文名：数学分析（二） 英文名：Mathematical Analysis（2）						
课程简介	本课程是人工智能各专业重要的数学基础课程之一，使学生对数学分析的基本理论、基本知识、基本概念和性质有深刻的理解和认识，能够用数学分析的思想和方法分析、解决问题。						
教学要求	要求学生在实数理论的基础上，透彻理解实数完备性的相关定理，准确掌握数学分析的基本理论、基本概念，注重培养学生的抽象思维能力、逻辑推理能力、运算能力以及综合运用所学知识分析问题和解决问题的能力，为学习后续课程打下坚实的基础。						
教学特色	体系完备，分析的思想贯穿全过程，注重概念的理解与运用，强化分析问题、解决问题的能力。						
课程类型	☑ 专业基础课程 □ 专业核心课程 □ 专业选修课程 □ 实践训练课程						
教学方式（单选）	☑ 讲授为主 □ 实验 / 实践为主 □ 专题讨论为主 □ 案例教学为主 □ 自学为主 □ 其他（为主）						
授课语言（单选）	☑ 中文 □ 中文 + 英文（英文授课比例 %） □ 英文 □ 其他外语（ ）						
考核方式（单选）	☑ 考试 □ 考查 □ 考试 + 考查 □ 其他（ ）						
成绩评定标准	期中考试（占 30%），平时作业 + 出勤（占 20%），期末考试（占 50%）						
教材及主要参考资料	[1] 王绵森，马知恩. 工科数学分析上、下册 [M]. 3 版. 北京：高等教育出版社，2017. [2] 菲赫金哥尔茨. 微积分学教程 [M]. 8 版. 北京：高等教育出版社，2006. [3] 常庚折，史济怀. 数学分析教程 [M]. 北京：高等教育出版社，2003.						
先修课程	数学分析（一）						

大纲提供者：范红军

■ 教学内容（80学时）

第一部分 常数项级数与广义积分（20学时）

- 概念：无穷区间上的广义积分（generalized integral on infinite interval），无界函数的广义积分（generalized integral of unbounded function），奇点（singular point），数项级数（number term series），部分和（partial sum），正项级数（positive term series），任意项级数（arbitrary term series），绝对收敛性（absolute convergence），条件收敛性（conditional convergence）。
- 内容：无穷区间上广义积分的收敛性，无界函数的广义积分的收敛性，广义牛顿－莱布尼茨公式，数项级数的收敛性，收敛级数的逐项相加、减或数乘，柯西收敛准则，级数的绝对收敛性与条件收敛性，黎曼定理—绝对收敛级数的交换律，柯西乘积，比较判别法，积分判别法，阶估法，达朗贝尔比值判别法，柯西根值判别法，狄利克雷判别法，阿贝尔判别法，交错级数的莱布尼茨判别法。

第二部分 函数项级数与含参变量积分（30学时）

- 概念：函数项级数（function term series），收敛点（convergence point），收敛域（convergence domain），发散点（divergence point），发散域（divergence domain），和函数（sum function），幂级数（power series），收敛半径（convergence radius），收敛区间（convergence interval），一致收敛性（uniform convergence），泰勒级数（Taylor series），麦克劳林级数（McLaughlin series），含参常义积分（parametric constant integral），含参广义积分（parametric generalized integral），Γ 函数（Γ function），B 函数（B function），基本函数系（basic function system），三角级数（trigonometric series），函数系的正交性（orthogonality of function system），傅里叶级数（Fourier series），傅里叶系数（Fourier coefficient），傅里叶积分（Fourier integral）。
- 内容：收敛域的定义，阿贝尔第一定理，幂级数收敛半径的计算，幂级数的代数运算，函数序列的一致收敛性，函数项级数的一致收敛性，M 判别法，狄利克雷判别法，阿贝尔判别法，一致收敛的函数项级数的分析性质，幂级数的分析性质，阿贝尔第二定理，函数幂级数展开，含参常义积分的分析性质，含参广义积分的一致收敛性，Γ 函数、B 函数的收敛范围与性质，余元公式，欧拉－傅里叶公式，狄尼定理，狄利克雷定理，正弦级数，余弦级数，函数的延拓，傅里叶级数的复数形式，傅里叶定理，傅里叶变换。

第三部分 多元函数积分学（30学时）

- 概念：重积分（multiple integral），第一型曲线、曲面积分（first type curve and surface integral），微元（differential element），柱面坐标系（cylindrical coordinate system），球面坐标系（spherical coordinate system），广义二重积分（generalized double integral），第二型曲线积分（second type curve integral），曲面的侧（side of surface），双侧曲面（bilateral surface），有向曲面（directed surface），第二型曲面积分（second type surface integral），连通性（connectivity），外乘积（outer product），外微分（outer differential），数量场（quantity field），等值面（equal value surface），向量场（vector field），方向导数（directional derivative），梯度（gradient），散度（divergence），旋度（curl），哈密尔顿算子（Hamiltonian operator）。
- 内容：重积分、第一型曲线与曲面积分的性质，积分中值定理，累次积分法，重积分的换元公式，曲面面积的计算，第一型曲线、曲面积分的计算，广义二重积分的收敛性，两类曲线积分的关系，第二型曲线积分的计算，右手法则，两类曲面积分的关系，第二型曲面积分的计算，格林公式，高斯公式，斯托克斯公式，第二型曲线积分与路径的无关性，场论。

3.5 “高等代数（二）”教学大纲

■ 课程概要

课程编号	30000020B	学分	4	学时	80	开课学期	第二学期
课程名称	中文名：高等代数（二） 英文名：Advanced Algebra（2）						
课程简介	本课程是人工智能专业重要的数学基础课程之一，使学生对高等代数的基本知识、基本概念和性质、基本理论和方法有深刻的理解和认识，不断提高分析问题和解决问题的能力。						
教学要求	要求学生掌握高等代数的基本理论体系、基本思想方法；对解题技巧有更全面、更深入的体会和更准确的理解；能对问题的类型、解题思路和方法进行归纳、总结，探索解题规律；进一步提高学生的数学修养、科学思维、逻辑推理能力，逐步学会用空间的观点解决数学中的问题。						

（续）

教学特色	讲透原理、重在理解、突出重点、提高能力。
课程类型	☑ 专业基础课程 ☐ 专业核心课程 ☐ 专业选修课程 ☐ 实践训练课程
教学方式（单选）	☑ 讲授为主 ☐ 实验 / 实践为主 ☐ 专题讨论为主 ☐ 案例教学为主 ☐ 自学为主 ☐ 其他（为主）
授课语言（单选）	☑ 中文 ☐ 中文 + 英文（英文授课比例 %） ☐ 英文 ☐ 其他外语（ ）
考核方式（单选）	☑ 考试 ☐ 考查 ☐ 考试 + 考查 ☐ 其他（ ）
成绩评定标准	期中考试 + 平时作业 + 出勤（占 40%），期末考试（占 60%）
教材及主要参考资料	[1] 北京大学数学系前代数小组. 高等代数 [M]. 4 版. 北京：高等教育出版社，2013. [2] 林成森，盛松柏. 高等代数 [M]. 南京：南京大学出版社，1993. [3] 姚慕生. 高等代数 [M]. 上海：复旦大学出版社，2003.
先修课程	高等代数（一）

大纲提供者：申富饶

教学内容（80 学时）

第一部分 线性空间（20 学时）

- 概念：线性空间（linear space），基（base），维数（dimension），坐标（coordinate），过渡矩阵（transition matrix），线性子空间（linear subspace），直和（direct sum），线性同构映射（linear isomorphism）。
- 内容：线性空间的定义及基本性质，基、维数及坐标的定义和基本性质，基变换与坐标变换的关系，线性子空间的定义、性质、基、维数，线性子空间的交与和的性质、基和维数，维数公式，线性子空间的直和的定义及判定，线性空间的同构。

第二部分 线性变换（20 学时）

- 概念：线性变换（linear transformation），线性变换的矩阵（matrix of a linear transformation），相似矩阵（similar matrix），特征值（characteristic value），特征向量（characteristic vector），特征多项式（characteristic polynomial），特征矩阵（characteristic matrix），迹（trace），特征子空间（characteristic subspace），不变子空间（invariant subspace），对角矩阵（diagonal matrix），若当标准形（Jordan's normal form），最小多项式（minimal polynomial）。

- 内容：线性变换的定义、性质和运算，线性变换的矩阵表示和性质，线性变换（方阵）的特征值理论，线性变换（矩阵）的对角化，线性变换的值域、核及不变子空间的定义、性质和线性空间的直和分解，线性变换（矩阵）的若当标准形、极小多项式介绍。

第三部分　λ- 矩阵（选讲部分内容）（10 学时）

- 概念：λ- 矩阵（λ-matrix），行列式因子（determinant factor），不变因子（invariant factor），初等因子（elementary factor）。
- 内容：λ- 矩阵的标准形理论，行列式因子、不变因子、初等因子的定义、性质及求法，矩阵的特征矩阵的化简，矩阵相似的充分或必要条件，矩阵的若当标准形理论及其导出结果。

第四部分　欧几里得空间（20 学时）

- 概念：向量内积（inner product of vectors），欧几里得空间（Euclidean space），向量长度（length of a vector），单位向量（unit vector），度量矩阵（metric matrix），正交的（orthogonal），正交基（orthogonal basis），标准正交基（standard orthogonal basis），正交矩阵（orthogonal matrix），正交变换（orthogonal transformation），对称变换（symmetric transformation），酉空间（unitary space），酉变换（unitary transformation），酉矩阵（unitary matrix），埃尔米特矩阵（Hermite matrix），埃尔米特二次型（Hermite quadratic form）。
- 内容：欧几里得空间的定义和基本性质，度量矩阵的定义及性质，施密特（Schimidt）正交化过程，正交矩阵、正交变换的定义及性质，线性空间的正交分解，对称矩阵的标准形理论。

第五部分　双线性函数与辛空间（10 学时）

- 概念：线性函数（linear function），对偶空间（dual space），对偶基（dual basis），双线性函数（bilinear function），对称双线性函数（symmetric bilinear function），双线性度量空间（bilinear metric space），伪欧式空间（pseudo Euclidean space）。
- 内容：线性函数、对偶空间的定义、性质及相关结论，双线性函数、对称双线性函数、双线性度量空间的定义、性质及相关结论。

3.6 “数理逻辑”教学大纲

■ 课程概要

课程编号	30000060	学分	2	学时	32	开课学期	第二学期
课程名称	中文名：数理逻辑 英文名：Mathematical Logic						
课程简介	本课程是人工智能专业重要的数学基础课程之一，使学生熟练掌握有关命题逻辑与一阶逻辑的基本知识，理解并能初步运用形式化的逻辑推理与数学证明。						
教学要求	要求学生掌握数理逻辑的基本理论体系、基本思想方法，初步了解公理化方法与形式化方法；训练学生的数学思维方式，提高学生的数学修养、科学思维、逻辑推理能力，逐步学会用形式化的语言描述与解决问题。						
教学特色	讲清概念，讲透证明，注重形式语言的锻炼，提高数学逻辑思维能力。						
课程类型	☑ 专业基础课程 ☐ 专业核心课程 ☐ 专业选修课程 ☐ 实践训练课程						
教学方式（单选）	☑ 讲授为主 ☐ 实验/实践为主 ☐ 专题讨论为主 ☐ 案例教学为主 ☐ 自学为主 ☐ 其他（为主）						
授课语言（单选）	☑ 中文 ☐ 中文+英文（英文授课比例%） ☐ 英文 ☐ 其他外语（）						
考核方式（单选）	☑ 考试 ☐ 考查 ☐ 考试+考查 ☐ 其他（）						
成绩评定标准	平时作业+出勤（占30%），期中考试（占20%），期末考试（占50%）						
教材及主要参考资料	[1] 宋方敏，吴骏. 数理逻辑十二讲[M]. 北京：机械工业出版社，2019.						
先修课程	无						

大纲提供者：葛存菁

■ 教学内容（32学时）

第一部分 命题逻辑（6学时）

- 概念：语法（syntax），语义（semantics），字母表（alphabet），命题（proposition），构造序列，赋值（assignment），解释（interpretation），真值表（truth table），永真式（tautology），语义结论（semantic consequence），元语言（meta-language），真值函数（truth function），范式（normal form），析合范式（disjunctive normal form），合析范式（conjunctive normal form），逻辑等价（logically equivalence），

联结词的完全组，自然推理系统，前提，结论，推理规则，主命题，辅命题，证明树，可靠性（soundness），完备性（completeness），紧致性（compactness）。

- 内容：命题的定义方法，命题集的性质，括号引理（parenthesis lemma），结构归纳法，命题的语义的归纳定义，真值表法，真值表与真值函数生成，树状推理模式，自然推理系统的基本概念与性质，可靠性定理，完备性定理，紧致性定理。

第二部分　一阶逻辑语言（8 学时）

- 概念：一阶语言的字母表（alphabet），项（term），公式（formula），项的自由变元，公式的自由变元，项的替换，公式的替换，结构（structure），赋值（assignment），模型（model），项的解释，公式的解释，可满足（satisfiable），序列数，一阶语言的符号集，Gödel 码，Hintikka 集。
- 内容：一阶逻辑的语法，项的定义方法，公式的定义方法，一阶逻辑的语义，形式逻辑的基本定律，语法对象的 Gödel 编码，替换引理，Hintikka 集的定义与模型。

第三部分　一阶逻辑的自然推理系统（6 学时）

- 概念：一阶逻辑的自然推理系统 G。
- 内容：G 的公理与规则，证明树，可证，反证法规则，分情况规则，逆否推演，矛盾规则，MP，三段论。

第四部分　集合论的公理系统（6 学时）

- 概念：集合，外延原则，概括原则，集合论语言，集合论的公理系统 ZF。
- 内容：Russell 悖论，外延性公理，空集公理，对偶公理，并集公理，幂集公理，子集公理，无穷公理，替换公理，正则公理，选择公理（AC），Zorn 引理。

第五部分　完全性定理（6 学时）

- 概念：无穷公式集的协调性（consistent），无穷公式集的极大协调性（maximally consistent），一阶逻辑演算 Ge，Henkin 集。
- 内容：协调性的性质及证明，极大协调性的性质及证明，Ge 的性质及证明，Henkin 集的性质及证明，完全性定理的证明，紧致性定理。

3.7 “概率论与数理统计”教学大纲

■ 课程概要

课程编号	30000100	学分	4	学时	64	开课学期	第三学期
课程名称	中文名：概率论与数理统计 英文名：Probability Theory and Statistics						
课程简介	本课程是人工智能专业重要的数学基础课程之一，使学生对概率统计的基本知识、基本概念和性质、基本理论和方法有深刻的理解和认识，不断提高分析问题和解决问题的能力。						
教学要求	要求学生掌握概率统计的基本理论体系、基本思想方法、对解题技巧有更全面、更深入的体会和准确的理解；对问题的类型、解题思路和方法进行归纳、总结，探索解题规律；提高学生科学思维、逻辑推理能力，逐步学会用概率统计的观点解决人工智能中的问题。						
教学特色	讲透原理、突出重点、联系专业实际应用、提升运用知识求解问题能力。						
课程类型	☑ 专业基础课程 ☐ 专业核心课程 ☐ 专业选修课程 ☐ 实践训练课程						
教学方式（单选）	☑ 讲授为主 ☐ 实验 / 实践为主 ☐ 专题讨论为主 ☐ 案例教学为主 ☐ 自学为主 ☐ 其他（为主）						
授课语言（单选）	☑ 中文 ☐ 中文 + 英文（英文授课比例 %） ☐ 英文 ☐ 其他外语（ ）						
考核方式（单选）	☑ 考试 ☐ 考查 ☐ 考试 + 考查 ☐ 其他（ ）						
成绩评定标准	期中成绩 + 平时作业 + 出勤（占 40%），期末考试（占 60%）						
教材及主要参考资料	结合国内外经典教材、讲义、课件，撰写适用于人工智能的新讲义，并逐渐完善撰写新教材。						
先修课程	数学分析、高等代数						

✐ 大纲提供者：高尉

■ 教学内容（64 学时）

第一部分 概率概述（10 学时）

- 概念：随机试验（random experiment），样本空间（sample space），随机事件（random event），频率（frequency），概率（probability），古典概型（classical probability），条件概率（conditional probability），独立性（independence），排列

（permutation）、组合（combination）、拆分（partition）、十二路组合计数（twelvefold way）。

- 内容：概率的历史演绎，随机现象的二重属性，随机事件及其运算，频率与概率，概率公理化，容斥原理，并集的上界（Union bound），各种古典概率，统计模拟法，排列、环排列、组合与多重组合，整数的有序分解，第二类 Stirling 数，整数的拆分，条件概率，全概率公式，贝叶斯公式及其应用，事件独立性及其应用。

第二部分　随机变量及其分布（10 学时）

- 概念：随机变量（random variable），分布（distribution），累积分布函数（cumulative distribution function），离散分布（discrete distribution），连续分布（continuous distribution），概率密度函数（probability density function）。
- 内容：随机变量，离散 / 连续型随机变量，分布列，0-1 分布，伯努利分布，二项分布，几何分布，负二项分布，泊松分布及定理，概率密度函数及其性质，均匀分布，正态分布及其性质，指数分布，连续随机变量函数的分布函数及其求解。

第三部分　多维随机变量及其分布（10 学时）

- 概念：二维随机变量（two-dimensional random variables），联合密度函数（joint density function），边缘分布（marginal distribution），条件分布（conditional distribution）。
- 内容：二维随机变量的定义与性质，联合分布函数，边缘分布函数，离散型随机变量的联合分布列和边缘分布列，及其与独立性的关系，连续型随机变量的联合密度函数，边缘分布及其密度函数，二维正态分布的性质，多维随机变量函数的分布，包括极大极小分布，加、减、乘、除等函数的分布，随机变量的联合分布函数求解，条件分布与乘法公式。

第四部分　随机变量数字特征（8 学时）

- 概念：期望（expectation），方差（variance），协方差（covariance），相关系数（correlation coefficient）。
- 内容：期望的定义与性质，全期望公式，条件期望，期望的估计，方差的定义与性质，方差的两种计算公式，常见随机变量的期望与方差，协方差的定义与性质，相关系数的含义，不相关性与独立性的关系。

第五部分 集中不等式（12学时）

- 概念：集中不等式（concentration inequality），独立随机变量（independent and identical random variable），Rademacher 随机变量，亚高斯型随机变量（sub-Gaussian random variable）。
- 内容：四类大数定律，中心极限定理及其应用，Markov 不等式，Chebyshev 不等式及其变体，Holder 不等式，Chernoff 方法，Hoeffding 不等式，亚高斯型随机变量不等式，Bennet 不等式，Bernstein 不等式，各种不等式应用，Johnson-Lindenstrauss 引理。

第六部分 统计概述（6学时）

- 概念：随机样本（random sample），样本均值（sample mean），样本方差（sample variance），样本标准差（sample standard deviation），样本 k- 阶矩（sample k-th moment）。
- 内容：样本与统计量、经验分布函数与直方图、抽样分布，Beta 函数、分布及其性质，Gamma 函数、分布及其性质，Dirichlet 分布，χ^2 分布，F 分布，学生 t 分布，四大抽样定理及其应用，分位数。

第七部分 参数估计（4学时）

- 概念：估计量（estimation statistics），点估计（point estimation），无偏估计（unbiased estimation），区间估计（interval estimation），置信区间（confidence interval）。
- 内容：点估计，矩估计法、极大似然估计法，最大似然估计的不变性，估计量的评价标准（无偏性、有效性、一致性），区间估计，置信区间与置信度，枢轴变量法，正态分布的期望与方差估计，双正态总体的估计，0-1 分布估计，单侧置信区间。

第八部分 假设检验（4学时）

- 概念：统计推断（statistical inference），假设检验（hypothesis test）。
- 内容：双边假设检验，单边假设检验，假设检验的方法，单个正态总体参数的假设检验：Z 检验法、t 检验法等，两个正态总体参数的假设检验，非参数假设检验，χ^2 检验，F 检验，非参数化检验，独立性检验。

3.8 “最优化方法导论”教学大纲

■ 课程概要

课程编号	30000120	学分	2	学时	32	开课学期	第三学期
课程名称	中文名：最优化方法导论 英文名：Introduction to Optimization Methods						
课程简介	本课程是人工智能专业重要的数学基础课程之一，将介绍与人工智能相关的最优化方法，为从事人工智能的理论研究奠定基础。通过本课程的学习，使学生对最优化的基本概念、基础理论、优化方法有全面的了解，提高学生对人工智能问题的建模和求解能力。						
教学要求	要求学生掌握最优化的基本概念、凸优化的基础理论，常用的优化方法及性能保障；给定具体的实际任务，学生能够使用优化问题建模，并分析优化问题的性质，选择合适的优化方法求解；提高学生的数学修养、科学思维、问题求解能力。						
教学特色	围绕人工智能领域尤其是机器学习的具体需求，介绍相关的优化理论和方法，理论联系实际，内容兼顾基础知识与前沿进展。						
课程类型	☑ 专业基础课程　☐ 专业核心课程 ☐ 专业选修课程　☐ 实践训练课程						
教学方式（单选）	☑ 讲授为主　☐ 实验 / 实践为主　☐ 专题讨论为主 ☐ 案例教学为主　☐ 自学为主　☐ 其他（为主）						
授课语言（单选）	☑ 中文　☐ 中文 + 英文（英文授课比例 %） ☐ 英文　☐ 其他外语（ ）						
考核方式（单选）	☑ 考试　☐ 考查 ☐ 考试 + 考查　☐ 其他（ ）						
成绩评定标准	平时作业 + 出勤（占 40%），期末考试（占 60%）						
教材及主要参考资料	[1] BOYD S，VANDENBERGHE L. Convex optimization [M]. Cambridge University Press，2004. [2] NESTEROV Y. Lectures on convex optimization [M]. Springer，2018.						
先修课程	数学分析、高等代数						

大纲提供者：张利军

■ 教学内容（32 学时）

第一部分　引言（2 学时）

- 概念：优化问题，最优解，最小二乘，闭合解，加权最小二乘，线性规划，Chebyshev 近似问题，凸优化，非线性优化，局部优化，全局优化。

● 内容：数学优化的术语，常见的优化问题。

第二部分 数学背景（4学时）

● 概念：内积，l_2-范数，Cauchy-Schwarz不等式，Frobenius范数，单位球，l_1-范数，l_∞-范数，l_p-范数，P-二次范数，范数的等价性，算子范数，谱范数，对偶范数，核范数，内部，开集合，闭集合，边界，上确界，下确界，函数的连续性，闭合函数，导数，梯度，链式法则（一阶），Hessian矩阵，链式法则（二阶），值域，列空间，零空间，对称矩阵的特征分解，半正定矩阵，正定矩阵，奇异值分解，伪逆，Schur补。
● 内容：范数，数学分析，函数的性质，向量函数和矩阵函数求导，线性代数。

第三部分 凸集合（5学时）

● 概念：直线，线段，仿射集合，子空间，仿射包，仿射维度，凸集合，凸包，锥，凸锥，锥包，超平面，半空间，球，椭圆，范数球，范数锥，二阶锥，多面体，单纯形，半正定锥，正定锥，交集，仿射函数，线性矩阵不等式，透视函数，线性分式函数，真锥，广义不等式，最小元素，极小元素，分割超平面定理，支撑超平面定理，对偶锥，对偶广义不等式，帕累托最优。
● 内容：仿射和凸集合，保持集合凸性的操作，广义不等式，分割和支撑超平面，对偶锥和广义不等式。

第四部分 凸函数（4学时）

● 概念：凸函数的定义，扩展值函数，凸函数的一阶条件，凸函数的二阶条件，次水平集，超水平集，上境图（epigraph），亚图（hypograph），矩阵分式函数，Jensen不等式，非负加权求和，带有仿射映射的组合，逐点最大值，逐点上确界，集合的支撑函数，函数组合，标量函数组合，向量函数组合，最小化，函数的透视，共轭函数，Fenchel不等式，相对于广义不等式的单调性，K-凸函数。
● 内容：凸函数的性质，保持函数凸性的操作，共轭函数，相对于广义不等式的凸性。

第五部分 凸优化问题（5学时）

● 概念：目标函数，优化变量，不等式约束，等式约束，可行的，最优值，最优点，ε-次优点，局部最优点，全局最优点，最大化问题，优化问题的标准形式，等价的优化问题，变量变换，函数变换，松弛变量，消除等式约束，引入等式约束，优化部分变量，上境图问题形式、隐藏约束条件，显示约束条件，参数化问题描述，Oracle 模型，凸优化问题的标准形式，凸优化问题的抽象形式，局部最优，全局最优，最优解的一阶条件，等价的凸优化问题，线性规划，线性规划的标准形式，线性规划的不等式形式，二次规划，二次约束的二次规划，二阶锥规划，单项式函数，正项式函数，几何规划，几何规划的凸形式，具有广义不等式约束的凸优化，锥形式的问题，半正定规划。

- 内容：优化问题的描述，凸优化问题的定义和性质，线性优化问题，二次优化问题，几何规划，广义不等式约束。

第六部分　对偶性（4学时）

- 概念：拉格朗日，拉格朗日乘子，拉格朗日对偶函数，最优值的下界，共轭函数，拉格朗日对偶问题，显示对偶约束条件，弱对偶性，强对偶性，Slater 约束规格，最大最小不等式，强最大最小不等式，鞍点，对偶间隙，终止条件，互补松弛条件，KKT 条件，引入新变量和等式约束，目标函数变换，隐藏约束。
- 内容：拉格朗日对偶函数、拉格朗日对偶问题，鞍点解读，最优性条件。

第七部分　问题建模（4学时）

- 概念：范数近似，残差，加权范数近似，最小二乘近似，Chebyshev 近似，残差绝对值求和近似，惩罚函数近似，带约束的近似，最小范数问题，最小惩罚问题，稀疏解，双目标优化，正则化，Tikhonov 正则化，投影到集合，投影到凸集合，欧氏投影的性质，欧氏投影到多面体，欧氏投影到真锥。
- 内容：范数近似问题，最小范数问题，正则化近似问题，投影。

第八部分　优化算法（4学时）

- 概念：最优解的一阶条件，迭代算法，强凸性，平滑性，条件数，下降算法，线搜索，精确线搜索，回溯线搜索，梯度下降，线性收敛，投影梯度下降，次梯度下降，近端梯度下降，随机梯度下降，无偏估计。
- 内容：无约束优化问题，下降算法，有约束优化问题，复合优化，随机优化。

学科基础课程教学大纲

4.1 “人工智能导引”教学大纲

■ 课程概要

课程编号	30000090	学分	1	学时	16	开课学期	第一学期
课程名称	中文名：人工智能导引 英文名：Learning Guide to Artificial Intelligence						
课程简介	本课程是面向人工智能学院大一新生开设的通识课程，是学生接触人工智能的第一门课程。						
教学要求	介绍人工智能是什么、学什么、如何学，在不依赖学科基础知识和专业知识的条件下激发学生的学习兴趣，让学生了解数学和学科基础课程的重要性。						
教学特色	由人工智能领域资深专家讲授，包括到人工智能企业实地观摩。						
课程类型	☑ 专业基础课程　□ 专业核心课程 □ 专业选修课程　□ 实践训练课程						
教学方式（单选）	□ 讲授为主　☑ 实验 / 实践为主　□ 专题讨论为主 □ 案例教学为主　□ 自学为主　□ 其他（为主）						
授课语言（单选）	☑ 中文　□ 中文 + 英文（英文授课比例 %） □ 英文　□ 其他外语（ ）						
考核方式（单选）	□ 考试　☑ 考查 □ 考试 + 考查　□ 其他（ ）						
成绩评定标准	课堂（占 20%），实践（占 20%），讨论报告（占 60%）						
教材及主要参考资料	无						
先修课程	无						

大纲提供者：黎铭

■ 教学内容

课堂讲授人工智能是什么、学什么、如何学；人工智能企业实地观摩。

4.2 “程序设计基础”教学大纲

■ 课程概要

<table>
<tr><td>课程编号</td><td>30000080</td><td>学分</td><td>5</td><td>学时</td><td>78</td><td>开课学期</td><td>第一学期</td></tr>
<tr><td rowspan="2">课程名称</td><td colspan="7">中文名：程序设计基础</td></tr>
<tr><td colspan="7">英文名：Introduction to Programming</td></tr>
<tr><td>课程简介</td><td colspan="7">本课程是专业的入门课程，主要对程序设计的一些基础知识以及过程式程序设计范式的基本内容进行介绍，其中包括：计算机的工作模型、程序设计范式、语言及过程简介、简单数据（整数、实数、字符、逻辑值）的描述、常量、变量、操作符、表达式、流程控制、结构化程序设计、过程抽象（子程序）、递归函数以及复杂数据（数组、结构、指针、动态变量）的描述等。本课程的编程语言采用 C/C++，语言使用的基本原则是，围绕程序设计，突出语言机制对基本程序设计思想的支持。</td></tr>
<tr><td>教学要求</td><td colspan="7">要求基本概念讲解清楚，突出规范的程序设计理念，无论是程序的开发过程还是程序开发结果，都必须规范，其中还包括对程序设计环境的规范使用。同时，要求开展基本的解决实际问题的实践能力训练。</td></tr>
<tr><td>教学特色</td><td colspan="7">本课程采用螺旋渐进和互动的教学模式，注重持续学习能力的培养，强化实际动手能力的训练，采用严格、多样的考核手段，具有精品教材的支撑。</td></tr>
<tr><td>课程类型</td><td colspan="7">☑ 专业基础课程　☐ 专业核心课程
☐ 专业选修课程　☐ 实践训练课程</td></tr>
<tr><td>教学方式（单选）</td><td colspan="7">☑ 讲授为主　☐ 实验 / 实践为主　☐ 专题讨论为主
☐ 案例教学为主　☐ 自学为主　☐ 其他（为主）</td></tr>
<tr><td>授课语言（单选）</td><td colspan="7">☑ 中文　☐ 中文 + 英文（英文授课比例 %）
☐ 英文　☐ 其他外语（ ）</td></tr>
<tr><td>考核方式（单选）</td><td colspan="7">☐ 考试　☐ 考查
☑ 考试 + 考查　☐ 其他（ ）</td></tr>
<tr><td>成绩评定标准</td><td colspan="7">平时作业（占 20%），上机测验（占 30%），期中笔试（占 10%），期末笔试（占 40%）</td></tr>
<tr><td>教材及主要参考资料</td><td colspan="7">[1] 陈家骏，郑滔．程序设计教程——用 C++ 语言编程 [M]. 3 版．北京：机械工业出版社，2015.</td></tr>
<tr><td>先修课程</td><td colspan="7">无</td></tr>
</table>

大纲提供者：陈家骏、尹存燕

■ 教学内容（理论部分 52 学时）

第一部分　概述（5 学时）

- 概念：冯・诺依曼体系结构，中央处理器（CPU），内存，外设（外存、输入 /

输出设备），硬件，软件，系统软件，应用软件，虚拟机，二进制，补码，浮点表示，BCD码，程序设计范式，低级语言，高级语言，编译，解释，C语言，C++语言，集成开发环境。

- 内容：计算机的组成及工作原理，整数与实数的机内表示，程序的组成，高级语言程序的开发与执行过程，C/C++语言的特点和词法。

第二部分 简单数据的描述与处理（基础部分）（4学时）

- 概念：基本数据类型，常量，变量，操作符，表达式，操作符的优先级与结合性。
- 内容：简单数据的基本操作，变量值的输入，表达式的计算，表达式值的输出。

第三部分 程序的流程控制（6学时）

- 概念：算法，语句，表达式语句，复合语句，条件语句，循环语句，无条件转移语句，迭代，穷举，结构化程序设计。
- 内容：程序的流程控制，问题求解的基本策略，程序设计风格。

第四部分 简单数据的描述与处理（高级部分）（3学时）

- 概念：位操作，结果溢出，浮点表示的误差，隐式/显式类型转换，短路求值，操作符的副作用，左值/右值表达式。
- 内容：非数值数据的表示与操作，操作数的类型转换，浮点数的不精确性处理，表达式计算的效率问题，表达式的副作用问题。

第五部分 过程抽象——函数（基础部分）（4学时）

- 概念：功能分解与复合，子程序，过程抽象，函数，形式参数，实际参数，值参数，局部变量，全局变量，函数的副作用，模块，标准函数库。
- 内容：基于过程抽象的过程式程序设计范式，程序的多模块结构。

第六部分 复杂数据的描述与处理（基础部分）（8学时）

- 概念：枚举类型，数组类型，字符串类型，结构类型，联合类型。
- 内容：由同类型元素构成的复合数据的描述与操作，由不同属性构成的复合数据的描述与操作，用一种类型描述多种类型的数据。

第七部分 过程抽象——函数（高级部分）（5学时）

- 概念：变量的生存期，栈，标识符的作用域，带参数的宏，内联函数，带缺省值的形式参数，函数名重载，递归函数。

- 内容：变量的内存分配，标识符的管理，函数调用的效率问题，函数的多态性，分而治之的程序设计方法。

第八部分　复杂数据的描述与处理（高级部分）(9 学时)

- 概念：指针，指针参数，指向常量的指针，动态变量，堆，悬浮指针，内存泄漏，动态数组，链表，函数指针，λ 表达式，引用类型，多级指针，指针数组。
- 内容：数据的间接访问，指针的基本运算，提高参数传递的效率，指针参数引起的函数副作用，元素个数可变的序列数据表示与操作，链表的基本操作，高阶函数（参数包含函数）的运用，匿名函数的使用，指针的不安全问题。

第九部分　面向对象程序设计简介（4 学时）

- 概念：数据抽象与封装，面向对象，类，对象，数据成员，成员函数，成员对象，this 指针，构造函数，析构函数，拷贝构造函数，操作符重载。
- 内容：面向对象的程序设计范式，操作符的多态性。

第十部分　输入 / 输出（4 学时）

- 概念：输入，输出，控制台，文件，文本方式，二进制方式。
- 内容：面向控制台的输入 / 输出，面向文件的输入 / 输出。

■ 教学内容（实验部分 26 学时）

1. 教学目标

- 通过上机实验，加深对程序设计基本概念的理解，提供程序设计的基本训练，通过编程实践加强计算思维能力和解决实际问题的能力。此外，在编程实践中，还融入育人元素，磨炼学生克服困难的毅力，培养学生“刻苦、严谨、求实、创新”的学风，帮助学生建立正确的世界观、人生观、价值观。

2. 教学内容

- 根据程序设计基础理论教学内容，以 C++ 程序为实验手段，通过分章分知识点实验和综合实验两种编程实践形式完成学生程序设计基础能力训练。
- 编程实践内容包括：工程项目建立方式、表达式、流程控制等基本技术；多模块设计、递归程序设计等基本方法；数组、指针、链表等复杂数据结构的实践与理解。在熟练掌握以上技术的基础上开展综合实验项目，加深学生对相关知识的掌握，训练学生解决实际问题的编程能力。

3. 实验基本要求

- 熟练使用计算机和集成开发环境（VS、VS Code、Dev C++ 三选一）。
- 熟练地掌握程序的调试技巧，加强对程序错误的定位能力。
- 能够实际编写一定规模的计算机程序，实验课累计编写 2000 行以上代码。

4. 学时分配

序号	实验项目名称	内容提要	学时	类型		
				综合	设计	验证
1	工程项目的建立、表达式计算	熟悉集成开发环境，掌握工程项目的建立，熟悉编译连接过程以及程序的调试技术。掌握 C++ 基本数据类型、操作符、控制台输入 / 输出，体会操作符的优先级和结合性、表达式的副作用等	2		√	
2	程序顺序执行和选择执行的流程控制	掌握程序顺序执行和选择执行的流程控制	2		√	
3	程序循环执行的流程控制	掌握较为复杂的程序循环执行流程控制	2		√	
4	程序流程控制综合应用	掌握程序流程控制设计	2	√		
5	随堂编程测验	考核程序的流程控制	2	√		
6	多模块程序设计	学会多文件结构程序开发，体会标识符的作用域和变量的生存期问题	2	√		
7	递归程序设计	了解递归程序的执行过程和分而治之的程序设计手段	2		√	
8	数组综合应用	熟练掌握数组的基本操作，熟悉基于数组的问题表示和计算	2		√	
9	随堂编程测验	考核函数及数组的应用	2	√		
10	指针的基本操作	熟练掌握 C++ 指针的基本操作	2		√	
11	构造数据类型综合应用	熟练掌握动态变量的创建与删除，加深对动态数据结构的理解	2	√		
12	随堂编程测验	考核前五章知识点	2	√		
13	综合项目实践	本实验主要实现一个面向实际应用的编程项目，训练学生从需求分析设计到编程实现的综合能力	2	√		

4.3 “数字系统设计基础”教学大纲

■ 课程概要

课程编号	30000190	学分	3	学时	48	开课学期	第二学期
课程名称	中文名：数字系统设计基础 英文名：Fundamentals of Digital System Design						
课程简介	本课程以通用计算机中央处理器设计为主线，介绍数字系统设计涉及的基本原理和基本方法。内容包括数字逻辑电路设计基础、运算部件设计、指令集设计以及中央处理器设计等。通过由浅入深的实验训练，强化对相关理论知识的理解，为后续系统类课程的学习打下坚实的基础。						
教学要求	掌握数字系统设计的基本原理和基本方法，能够进行基本的组合逻辑和时序逻辑电路分析和设计，掌握数字系统计算部件、指令系统和中央处理器的设计原理和设计方法，熟练使用设计工具完成基本功能模块的设计、分析和验证。						
教学特色	课堂讲授和实验教学相结合，基本原理和最新指令系统设计相融通。						
课程类型	☑ 专业基础课程　☐ 专业核心课程 ☐ 专业选修课程　☐ 实践训练课程						
教学方式（单选）	☑ 讲授为主　☐ 实验 / 实践为主　☐ 专题讨论为主 ☐ 案例教学为主　☐ 自学为主　☐ 其他（为主）						
授课语言（单选）	☑ 中文　☐ 中文 + 英文（英文授课比例 %） ☐ 英文　☐ 其他外语（ ）						
考核方式（单选）	☐ 考试　☐ 考查 ☑ 考试 + 考查　☐ 其他（ ）						
成绩评定标准	平时作业 + 出勤（占 30%），实验考查（占 10%），期末考试（占 60%）						
教材及主要参考资料	教材： [1] 袁春风，等. 数字逻辑与计算机组成 [M]. 北京：机械工业出版社，2020. 参考资料： [1] 袁春风，等. 数字逻辑与计算机组成习题解答与实验教程 [M]. 北京：机械工业出版社，2022. [2] WAKELY J F. 数字设计原理与实践（原书第 4 版）[M]. 林生，等译. 北京：机械工业出版社，2008.						
先修课程	无						

✎ 大纲提供者：武港山、毛云龙

■ 教学内容（理论 36 学时）

第一部分　计算机系统概述（2 学时）

- 概念：通用电子计算机（general-purpose electronic computer）、算术逻辑单元

（Arithmetic Logic Unit，ALU）、中央处理器（Central Processing Unit，CPU）、指令集（instruction set）、指令集体系结构（Instruction Set Architecture，ISA）、编程语言（programming language）、系统软件（system software）、应用软件（application software）。

- 内容：冯·诺依曼计算机结构的主要特点，计算机硬件的基本组成和功能，计算机系统的层次结构，硬件和软件的相互关系，程序开发和执行过程等。

第二部分 二进制编码（4学时）

- 概念：二进制（binary system）、原码（sign magnitude）、反码（one's complement）、补码（two's complement）、移码（excess notation，biased exponent）、BCD码（Binary-Coded Decimal，BCD）、无符号整数（unsigned integer）、带符号整数（signed integer）、浮点数（floating-point number）、逻辑数据（logic data）、ASCII码（American Standard Code for Information Interchange）、汉字内码（chinese character code）、机器字长（machine word length）、编址单位（addressing unit）、字地址（word address）、大端方式（big endian）、小端方式（little endian）、边界对齐（boundary alignment）。
- 内容：二进制数的表示与转换，计算机中数值数据表示方法，包括定点数的编码表示、整数的表示、浮点数的表示、十进制数的二进制编码表示等，计算机中非数值类数据表示方法，包括逻辑值的表示、西文字符的表示、汉字的表示等，计算机中数据的宽度以及排列方式。

第三部分 数字逻辑基础（4学时）

- 概念：数字抽象（digital abstraction）、逻辑门（logic gate）、传输延迟（propagation delay）、布尔代数（Boolean algebra）、逻辑表达式（logical expression）、真值表（truth table）、逻辑函数（logic function）、乘积项（product term）、求和项（sum term）、积之和表达式（sum-of-products expression）、和之积表达式（product-of-sums expression）、最小项（minterm）、最大项（maxterm）、最小项列表（minterm list）、最大项列表（maxterm list）、卡诺图（Karnaugh map）。
- 内容：基本逻辑门，包括与门、或门、非门；常用逻辑门，包括与非门、或非门、异或门、同或门；CMOS晶体管，CMOS晶体管的电气特性；布尔代数的公理系统、定理系统和定律；逻辑函数描述方式，包括逻辑表达式、真值表、波形图等；逻辑函数的代数法化简、卡诺图化简以及函数变换等。

第四部分　组合逻辑电路（4 学时）

- 概念：组合逻辑电路（combinational logic circuit）、扇入系数（fan-in coefficient）、扇出系数（fan-out coefficient）、门延迟（gate delay）、无关项（“don’t care” term）、三态门（tri-state gate）、编码器（encoder）、译码器（decoder）、多路选择器（multiplexer）、多路分配器（de-multiplexer）、加法器（adder）、算术逻辑部件（arithmetic logic unit）、传输延迟（propagation delay）、最小延迟（contamination delay）、竞争（race）、冒险（hazard）。
- 内容：组合逻辑电路分析设计的基本原理和具体步骤；典型组合逻辑部件设计，包括译码器、编码器、多路选择器、多路分配器、加法器和算术逻辑部件等；组合逻辑电路时序分析。

第五部分　时序逻辑电路（6 学时）

- 概念：时序逻辑电路（sequential logic circuit）、有限状态机（finite state machine）、状态图（state diagram）、状态表（state table）、时钟周期（clock cycle）、时钟边沿（clock edge）、锁存器（latch）、触发器（flip-flop）、建立时间（setup time）、锁存延迟（Clk-to-Q delay）、保持时间（hold time）、同步时序逻辑（synchronous sequential logic）、同步计数器（synchronous counter）、移位寄存器（shift register）。
- 内容：时序逻辑电路的特性、描述方法以及内部结构；时序逻辑电路的分类、状态转移控制方式与时序特性分析；双稳态元件的基本原理、典型双稳态元件的功能设计与特性分析，包括 SR 锁存器、D 锁存器、D 触发器、T 触发器等；同步时序逻辑电路的分析与设计，包括需求分析、状态图 / 状态表设计、状态化简、状态编码、电路设计以及电路分析等步骤；典型时序逻辑部件设计，包括计数器、寄存器、移位寄存器等。

第六部分　运算部件设计（6 学时）

- 概念：逻辑移位（logical shift）、算术移位（arithmetic shift）、循环（逻辑）移位（rotating shift）、扩展器（extender）、行波进位加法器（Ripple Carry Adder，RCA）、先行进位加法器（Carry Lookahead Adder，CLA）、算术逻辑单元（Arithmetic Logic Unit，ALU）、标志（flag）、布斯算法（Booth’s algorithm）、对

阶（align exponent）、溢出（overflow）、阶码下溢（exponent underflow）、阶码上溢（exponent overflow）、规格化数（normalized number）、左规（left normalize）、右规（right normalize）、舍入（rounding）。

- 内容：加法器设计，包括串行（行波）进位加法器、并行（先行、超前）进位加法器等；带标志加法器设计以及算术逻辑单元（ALU）设计；定点运算方法和定点运算部件设计，包括移位运算、扩展运算、整数加减运算（补码、原码和移码）、整数乘法运算（无符号数、补码和原码）、整数除法运算（无符号数、原码和补码）；浮点运算方法及浮点运算器设计，包括浮点加减运算和浮点乘除运算等。

第七部分　指令集设计（4学时）

- 概念：指令（instruction）、指令集（instruction set）、指令集体系结构（Instruction Set Architecture，ISA）、边界对齐（boundary alignment）、寻址方式（addressing mode）、通用寄存器（General Purpose Register，GPR）、复杂指令集计算机（Complex Instruction Set Computer，CISC）、精简指令集计算机（Reduced Instruction Set Computer，RISC）、中断（interrupt）、过程（procedure）、源程序文件（source program file）、汇编语言源程序文件（assembly language source file）、可重定位目标文件（relocatable object file）、可执行目标文件（executable object file）。
- 内容：指令格式设计，包括操作类型、操作数类型、寻址方式（立即、直接、间接、寄存器、寄存器间接、栈、偏移寻址）；条件码（状态标志）的生成，通常的状态标志有CF（进/借位标志）、ZF（零标志）、OF（溢出标志）、SF（符号标志）等；指令系统风格，指令执行过程中的异常和中断处理，典型指令系统（RISC-V架构）分析。

第八部分　中央处理器设计（6学时）

- 概念：指令周期（instruction cycle）、机器周期（machine cycle）、数据通路（data path）、控制单元（control unit）、执行部件（execute unit）、扩展单元（extension unit）、指令存储器（instruction memory）、数据存储器（data memory）、指令译码器（instruction decoder）、控制信号（control signal）、微程序（microprogram）、指令流水线（instruction pipelining）、指令级并行（Instruction Level Parallelism，ILP）。
- 内容：CPU的基本功能和基本结构，CPU中的数据通路，控制器、寄存器功能分析，CPU性能评价，指令执行过程分析；单周期处理器设计，多周期处理器设计基本思路，硬连线路控制器和微程序控制器设计；指令流水线的设计、实现和分析等。

■ 教学内容（实验部分 12 学时）

第一次实验（2 学时）

- 实验目标：熟悉 Logisim 软件的基本使用方法，掌握使用晶体管实现基本逻辑部件的方法，利用基础元器件库设计简单数字电路，掌握子电路的设计和应用，掌握分线器、隧道、探针等组件的使用方法。
- 具体实验内容：（1）利用晶体管构建两输入或门。本次实验的内容是通过利用晶体管构建实现基本逻辑运算的门电路，以或门为例，让同学们了解数字电路的基础构造和实践原理。（2）双控开关。本次实验的内容是通过 Logisim 内置的门级电路库，实现双控开关逻辑。具体的实验步骤和电路图由同学们自行实现。这次实验的主要目的是让同学们掌握 Logisim 电路模块化的使用方法。（3）多数表决器。本次实验的目标是实现一位的三输入多数表决器（投票器），输入的表决信号（使用 0 或 1 指示）经过我们设计的数字电路，实现输出多数表决结果（使用 0 或 1 指示）的功能。

第二次实验（2 学时）

- 实验目标：掌握使用 Logisim 软件设计、实现组合逻辑电路的方法，熟练应用 Logisim 输入、输出部件，掌握译码器、编码器、多路选择器的设计方法和实现步骤，学习组合逻辑电路的级联方法。
- 具体实验内容：（1）3-8 译码器。使用基础门电路设计并实现 3-8 译码器。（2）8-3 优先级编码器。使用基础逻辑门电路实现一个 8 线路（输入）至 3 线路（输出）的 8-3 优先编码器。（3）4 选 1 多路选择器。本次实验的目标是实现 4 选 1 的多路选择功能，首先在 2 选 1 的子电路区域完成 2 选 1 选择器的设计，然后再在 4 选 1 的子电路区域完成 4 选 1 选择器。

第三次实验（2 学时）

- 实验目标：掌握使用 Logisim 软件设计、实现时序逻辑电路的方法，掌握触发器、计数器的设计方法和实现步骤，学习寄存器和寄存器堆的设计和实现方法，学习移位寄存器的设计原理和实现方法。

- 具体实验内容：（1）D触发器。参考锁存器和触发器原理图，首先在子电路中实现一个D锁存器，然后在另一个子电路中利用锁存器实现一个带有使能端的D触发器。（2）4位行波加法计数器。参考电路图和功能表，首先实现T触发器（利用Logisim库中的D触发器），然后利用T触发器实现一个4位的2进制加法计数器。（3）4位通用移位寄存器。根据电路原理图和功能表，实现一个4位的通用移位寄存器，当做右移操作时，在最左端上补位RIN，当做左移操作时，在最右端上补位LIN。

第四次实验（2学时）

- 实验目标：掌握使用Logisim软件设计、实现算术逻辑部件的方法，学习4位先行进位加法器CLA和先行进位逻辑单元CLU的设计原理和实现方法，学习16位先行进位加法器及相关标志位的设计原理和实现方法，学习基本算术逻辑单元的设计原理和实现方法，实现6种操作的ALU器件。
- 具体实验内容：（1）4位先行进位加法器。根据求值表达式在子电路中实现1位全加器，然后，在子电路中实现4位的组内先行进位部件（CLU），最后，根据先行进位加法器原理图，思考并在子电路中完成4位CLA的实现。（2）16位先行进位加法器。根据求值表达式在子电路中实现组间先行进位函数逻辑单元，然后，根据加法器工作原理，在“可级联的4位CLA”子电路中对前一关卡中已经做过的4位CLA做出修改，使其能够支持组间级联。

第五次实验（2学时）

- 实验目标：理解随机访问存储器RAM和只读存储器ROM的操作原理，理解RISC-V指令类型和指令格式，掌握使用Logisim软件实现取指、指令解析、立即数扩展、操作数存取的方法。
- 具体实验内容：（1）存储器的写入和读取。Logisim中RAM和ROM器件的数据输入可以采用Logisim十六进制编辑器和直接读取二进制编码文件的方法实现。实验任务要求在RAM存储子电路中放置一个RAM组件，并设置地址位宽为12位，数据接口模式为“分离的加载和存储引脚”模式，顶层的测试部分会自动向RAM中写入数据，前16个时钟周期为写入测试，后16个时钟周期读取测试。（2）指令读取和控制信号生成。根据RISC-V的指令格式和取指令部件原理图设计 RISC-V 单周期处理器的取指令部件。然后在指令解析测试子电路中利用 Logisim 内置库中的加法器实现指令的下地址逻辑，使得该子电路能够依次读入 9 条指令，并根据 RISC-V 指令格式将读出的指令解析为 opcode、rd、funct3、rs1、rs2、funct7 六个字段。

第六次实验（2 学时）

- 实验目标：理解 RISC-V 数据通路的设计思路，掌握 RISC-V 数据通路与控制信号的实现方法，掌握不同类型的 RISC-V 指令单周期实现方式。
- 具体实验内容：（1）简单 ALU 实现。在先行进位加法器部件的基础上，结合移位寄存器实现支持算术和逻辑操作的简单 ALU。（2）RISC-V 数据通路。通过将寄存器、存储器、ALU、选择器等部件组合，实现简单的 RISC-V 数据通路。（3）单周期 CPU。将预设好的指令 ROM 连接到单周期 CPU 上，对 CPU 进行逐指令的测试，得到运算结果，保存至寄存器和存储器，通过对比预期存储状态验证 CPU 正确性。

4.4 “人工智能程序设计”教学大纲

■ 课程概要

课程编号	30000030	学分	4	学时	64	开课学期	第二学期
课程名称	中文名：人工智能程序设计						
	英文名：AI Programming						
课程简介	本课程主要从人工智能程序设计语言基础、科学计算与数据分析、人工智能基础理论和方法以及人工智能应用等方面进行理论和实践教学；将编程、理论、应用三者紧密结合，培养学生的人工智能素养和解决实际问题的能力。						
教学要求	要求学生掌握人工智能程序设计的基本思想和方法、科学计算和数据分析的基本方法、人工智能基础问题的求解方法等，并能够通过编程设计实现一个具有一定复杂度的人工智能系统，逐步具备利用程序设计实现人工智能方法进而解决实际问题的能力。						
教学特色	将人工智能基础范式和思维模式融入程序设计的学习和训练之中，循序渐进，将每个阶段的人工智能理论知识和实践内容穿插到程序设计教学中，利用人工智能系统的设计实现作为提升学生程序设计能力的有效手段，保证程序设计、人工智能理论和实践应用的紧密结合。						
课程类型	☑ 专业基础课程 ☐ 专业核心课程 ☐ 专业选修课程 ☐ 实践训练课程						
教学方式（单选）	☑ 讲授为主 ☐ 实验 / 实践为主 ☐ 专题讨论为主 ☐ 案例教学为主 ☐ 自学为主 ☐ 其他（为主）						

（续）

授课语言（单选）	☑中文 ☐中文＋英文（英文授课比例 %） ☐英文 ☐其他外语（ ）
考核方式（单选）	☐考试 ☐考查 ☑考试＋考查 ☐其他（ ）
成绩评定标准	平时作业（占15%），上机测试（占25%），课程设计（占20%），期末考试（占40%）
教材及主要参考资料	课程采用教师自编讲义作为教材，参考资料如下： [1] 周志华. 机器学习 [M]. 北京：清华大学出版社，2016. [2] MCKINNEY W. Python for Data Analysis [M]. Boston: O'Reilly Media，2012. [3] HAN J W，KAMBER M，PEI J. Data Mining: Concepts and Techniques [M]. 3rd ed. San Francisco: Morgan Kaufmann Publishers，2011. [4] 陈家骏，郑滔. 程序设计教程——用C++语言编程 [M]. 3版. 北京：机械工业出版社，2015. [5] ABELSON H，SUSSMAN G J，SUSSMAN J. 计算机程序的构造和解释（原书第2版）[M]. 裘宗燕，译. 北京：机械工业出版社，2019.
先修课程	程序设计基础、人工智能导引

大纲提供者：黄书剑

教学内容（64学时）

第一部分 人工智能程序设计基础（24学时）

- 概念：值（value），变量（variable），表达式（expression），数据结构（data structure），控制流程（control flow），函数（function），高阶函数（higher-order function），函数式编程（functional programming），面向对象（object-oriented），搜索（search），规划（planning）。
- 内容：课程选择Python作为程序设计语言，介绍Python语言程序设计基础（基础语法、控制流程、语言特性）和程序设计范式（过程抽象、面向对象、逻辑式程序设计），在此基础上，介绍搜索和规划等人工智能传统方法的基本思想及其在一些简单问题上的应用。

第二部分 科学计算与数据分析（12学时）

- 概念：高阶矩阵（high dimensional array），通用函数（universal function），广播（broadcasting），向量化运算（vectorized operation），科学计算（scientific computing），符号计算（symbolic computing），数据分析（data analysis），可视化（visualization）。
- 内容：以数据的计算、分析、可视化为切入点，介绍高维数据的表示和计算的抽象，并利用SciPy生态中的numpy、scipy、sympy、pandas、matplotlib等库函数完成高维数据的表示和运算、数据分析和可视化以及数值计算、符号运算等内容。

第三部分　人工智能基础方法（14 学时）

- 概念：有监督学习（supervised learning），回归（regression），分类（classification），无监督学习（unsupervised learning），聚类（clustering），数据表示（data representation），降维（dimensionality reduction），关联规则挖掘（association rule mining），知识与推理（knowledge and reasoning）。
- 内容：基于复杂数据处理和分析，介绍人工智能基本问题的解决方法，包括有监督学习中的回归、分类等问题和解决方法，无监督学习中的降维、聚类、关联分析、异常检测等代表性问题和解决方法，以及基于逻辑的知识表示和推理方法等。

第四部分　模块化程序设计与人工智能应用（14 学时）

- 概念：文件（file），模块（module），包（package），命名空间（naming space），项目（project），异常（exception），异常处理（exception processing），深度学习框架（deep learning framework），神经网络（neural network），表示学习（representation learning），文本分类（text classification），图像识别（image recognition）。
- 内容：从模块化程序设计入手，介绍 Python 程序设计中的文件、模块、包，异常和异常处理等管理更大规模程序的方法；在此基础上，介绍基于开源框架（如 PyTorch 等）的程序设计方法，使得学生具备构建复杂系统的能力，并结合文本和图像等应用实例介绍人工智能领域的常见应用问题，以及利用模块化程序设计实现相关人工智能系统。

4.5 “数据结构与算法分析”教学大纲

■ 课程概要

课程编号	30000110	学分	4	学时	64	开课学期	第三学期
课程名称	中文名：数据结构与算法分析						
	英文名：Data Structures and Algorithms Analysis						
课程简介	本课程是计算机学科及人工智能专业的基础课程之一。通过学习本课程，学生在了解常见数据结构、了解经典算法设计与分析技术的基础上，能够初步学会设计并使用合适的数据结构及算法去有效地求解各类问题。本课程为学生学习其他高级专业课程提供了重要基础。						

（续）

教学要求	本课程主要教学内容包含三大部分：数据结构、算法设计与分析技术以及若干经典算法。 • 数据结构：掌握常见数据结构的逻辑结构、实现方式、支持的操作及其复杂性。通过学习数据结构在算法中的应用，理解数据结构对算法设计和性能的影响，进而做到依据实际问题和所设计的算法合理选择对应的数据结构。 • 算法设计与分析技术：理解分治、贪心、动态规划等常见算法设计技术，并在此基础上初步学会合理利用这些技术设计算法。能够对算法进行正确性分析和复杂度分析。 • 经典算法：学习并掌握若干经典算法，包括其正确性、复杂性以及所涉及的算法设计思想和分析技术。能够较为熟练地使用这些算法及其变种解决实际问题。
教学特色	• 面向人工智能专业整合数据结构课程与算法课程。人工智能算法与经典算法在处理问题的思路、设计与分析的方式等方面存在显著不同。由此，本课程依据人工智能专业培养目标整合数据结构与算法的教学内容，合理精简、突出重点，让学生对常见数据结构、经典算法设计与分析技术在了解的基础上能初步灵活使用，并通过实践练习持续锻炼学生的编程能力。 • 注重对思维严密性的培养。在数据结构与算法的设计和分析过程中，学生常常过分重视性能而忽视正确性。本课程中，通过课堂教学和课后作业，将有意识地训练学生严谨地对所设计的数据结构与算法进行分析，尤其是正确性分析，以提高学生思维的严密性。 • 在不牺牲深度的前提下兼顾教学内容的广度。计算机科学与人工智能均为高速发展中的学科，且现实世界中的计算问题日新月异、千变万化。本课程在覆盖必要内容的前提下，将向学生介绍一些高级主题以及近代发展情况，拓宽学生视野，也为学生进一步深入学习相关内容提供一定引导和基础。
课程类型	☑ 专业基础课程 ☐ 专业核心课程 ☐ 专业选修课程 ☐ 实践训练课程
教学方式（单选）	☑ 讲授为主 ☐ 实验 / 实践为主 ☐ 专题讨论为主 ☐ 案例教学为主 ☐ 自学为主 ☐ 其他（为主）
授课语言（单选）	☑ 中文 ☐ 中文 + 英文（英文授课比例 %） ☐ 英文 ☐ 其他外语（ ）
考核方式（单选）	☑ 考试 ☐ 考查 ☐ 考试 + 考查 ☐ 其他（ ）
成绩评定标准	期末考试（占 40%），期中考试（占 25%），平时作业（占 20%），编程实践（占 15%）
教材及主要参考资料	课程教材： [1] CORMEN T H, LEISERSON C E, RIVEST R L, et al. 算法导论（原书第 3 版）[M]. 殷建平，等译. 北京：机械工业出版社，2012. [2] 邓俊辉. 数据结构（C++ 语言版）[M]. 3 版. 北京：清华大学出版社，2016. 主要参考资料： [1] DASGUPTA S, PAPADIMITRIOU C, VAZIRANI U. 算法概论（注释版）[M]. 钱枫，邹恒明，注释. 北京：机械工业出版社，2008. [2] ERICKSON J. Algorithms [M]. Independently published，2019.
先修课程	程序设计基础、离散数学（包含概率论基础）

大纲提供者：郑朝栋

■ 教学内容（64 学时）

第一部分　基础（8 学时）

- 课程简介（数据结构与算法的基本概念与功能）。
- 算法正确性（循环不变量、数学归纳法）及时间复杂性分析，渐进复杂性。
- 抽象数据类型（ADT），向量（数组），表（链表），队列（先进先出、栈）。
- 递归与分治的基本思想和算法实例，递归算法正确性及时间复杂性分析，递归与迭代的关系及相互转换。

第二部分　排序与选择（8 学时）

- 插入排序，选择排序，冒泡排序。
- 归并排序，快速排序。
- 堆，优先队列，堆排序。
- 线性时间排序算法（桶排序、基数排序），基于比较的排序算法的复杂性下界。
- 选择问题及算法（中位数、顺序统计量），对手论证（问题复杂性下界）。

第三部分　查找及相关问题（8 学时）

- 二分查找。
- 树结构及其实现，二叉树的遍历。
- 二叉搜索树，平衡二叉搜索树，红黑树（或 AVL 树）。
- 词典结构，哈希，哈希表的构建及性能分析。
- 并查集，均摊分析。

第四部分　图算法（一）（8 学时）

- 图结构及其实现，图的遍历（深度优先、广度优先）。
- 图遍历算法的应用：拓扑排序，强联通分量。
- 贪心思想及算法实例，最小生成树（Prim 算法、Kruskal 算法）。

第五部分　图算法（二）（10 学时）

- 最短路径问题，单源点最短路径（Dijkstra 算法、Bellman-Ford 算法），所有点对最短路径（Floyd-Warshall 算法），寻路与 A* 算法。
- 网络流问题及其典型应用，最大流与最大二分图匹配（Ford-Fulkerson 算法）。

第六部分　动态规划（6学时）

- 动态规划思想，动态规划的使用条件及方法。
- 动态规划算法实例。

第七部分　独立主题与高级主题（8学时）[选讲部分内容]

- 字符串匹配（Rabin-Karp 算法、KMP 算法）。
- 计算复杂性理论初步（P 与 NP、NP 完全性、归约）。
- 近似算法初步及其求解 NP 难问题实例。
- 高级数据结构（例如 B 树、Fibonacci 堆、跳表）。
- 随机算法初步及其应用（例如其在快速排序、素性检测、哈希中的应用）。

注：另留 8 学时用作习题课。

4.6 “计算机系统基础”教学大纲

■ 课程概要

课程编号	30000130	学分	5	学时	80	开课学期	第三学期
课程名称	中文名：计算机系统基础 英文名：Introduction to Computer Systems（ICS）						
课程简介	本课程是人工智能专业人才培养体系中的重要学科基础课程之一，旨在使学生对程序及数据在计算机系统内的表示、存储、转换、编译、链接、执行、异常处理、I/O 等基本原理和重要机制有深刻理解，对人工智能高级语言程序中的数据类型及其运算、语句和过程调用等是如何通过计算机系统实现的这一根本问题建立全面认识，在此过程中有效提升学生的计算机系统实践能力。 本课程内容主要包含三个主题：（1）表示。主要包括不同类型数据（如带符号整数、无符号整数、浮点数、数组、结构等）在寄存器或存储器中的表示和存储方式、指令的表示和编码、存储地址（指针）的表示以及复杂数据结构中数据元素地址的表示。（2）转换。主要包括高级语言程序与机器级代码的对应关系。（3）执行控制流。主要包括机器级代码的执行流程，特别是指令执行过程中的整个访存过程（包括虚实地址转换和 cache 访问等）、逻辑控制流中的异常事件及其处理、I/O 操作的执行控制流（如何从用户态转入内核态执行）。						
教学要求	要求人工智能各专业学生能从程序实现角度认识计算机系统，能够建立高级语言程序、ISA、OS、编译器、链接器等之间的相互关联，对指令在硬件上的执行过程和指令的底层硬件执行机制有一定的认识和理解，从而增强学生在程序调试、性能提升、程序移植和健壮性等方面的实践能力，并为后续课程学习打下坚实的基础。						
教学特色	课堂讲授与系统实现实践并重（理论、大作业和小实验课程同步开展）。						

（续）

课程类型	☑ 专业基础课程　☐ 专业核心课程 ☐ 专业选修课程　☐ 实践训练课程
教学方式（单选）	☐ 讲授为主　☐ 实验 / 实践为主　☐ 专题讨论为主 ☐ 案例教学为主　☐ 自学为主　☑ 其他（讲授与实践并重）
授课语言（单选）	☑ 中文　☐ 中文 + 英文（英文授课比例 %） ☐ 英文　☐ 其他外语（ ）
考核方式（单选）	☐ 考试　☐ 考查 ☑ 考试 + 考查　☐ 其他（ ）
成绩评定标准	平时作业（占 15%），小实验（占 15%），大作业（占 40%），期末考试（占 30%）
教材及主要参考资料	课程教材： [1] 袁春风，余子濠. 计算机系统基础 [M]. 2 版. 北京：机械工业出版社，2018. 主要参考书： [1] BRYANT R E, O'HALLARON D R. 深入理解计算机系统（原书第 3 版）[M]. 龚奕利，贺莲，译. 北京：机械工业出版社，2016. [2] WERNIGHAN B W，RITCHIE D M. C 程序设计语言（原书第 2 版）[M]. 北京：机械工业出版社，2019.
先修课程	数字系统设计基础、程序设计基础

大纲提供者：路通、王慧妍

教学内容（理论部分 46 学时）

第一部分　计算机系统概述（2 学时）

- 概念：计算机系统的功能与组成、计算机系统的层次结构、系统性能评价。
- 内容："计算机系统基础"课程的由来、"计算机系统基础"课程内容概要、硬件和软件的基本组成、程序的开发和执行过程、计算机系统层次结构、计算机性能评价。

第二部分　数据的机器级表示与基本运算（4 学时）

- 概念：数值数据的表示及存储、非数值数据的表示及存储、数据的运算、计算机系统中的基本运算电路。
- 内容：定点数的编码表示、无符号整数和带符号整数的表示、浮点数的表示、C 语言程序的整数类型和浮点数类型、逻辑值、西文字符、汉字字符、数据宽度单位、数据在寄存器和存储器中的存放、大端 / 小端、数据对齐、按位运算和逻辑运算、移位运算、位扩展和位截断运算、无符号和带符号整数的加减运算、无符号和带符号整数的乘除运算、变量与常数之间的乘除运算、浮点数的加减乘除运算。

第三部分 程序的转换及机器级表示（10学时）

- 概念：IA-32指令系统概述、C语言程序的机器级表示、复杂数据类型的分配和访问、越界访问和缓冲区溢出、兼容IA-32的64位系统。
- 内容：程序转换概述、数据类型及其格式、寄存器组织与寻址方式、传送指令、定点算术运算指令、按位运算指令、控制转移指令、x87浮点处理指令、MMX/SSE指令集、过程调用的机器级表示概述、IA-32中用于过程调用的指令、过程调用的执行步骤、IA-32的寄存器使用约定、IA-32的栈、栈帧及其结构、按值传递参数和按地址传递参数、递归过程调用、选择语句的机器级表示概述、if-else语句的机器级表示、条件运算表达式的机器级表示、switch语句的机器级表示；循环结构的机器级表示概述、do-while循环的机器级表示、while循环的机器级表示、数组元素在存储空间的存放和访问、数组的存储分配和初始化、数组与指针、指针数组和多维数组、结构体成员在存储空间的存放和访问、结构体数据作为入口参数、联合体数据的分配和访问、数据的对齐、越界访问、缓冲区溢出、兼容IA-32的64位系统。

第四部分 程序的链接（8学时）

- 概念：目标文件格式、符号解析与重定位、动态链接。
- 内容：程序的链接概述、链接的意义与过程、ELF目标文件格式、重定位目标文件格式、可执行目标文件格式、符号和符号表、符号解析、与静态库的链接、重定位信息、重定位过程、可执行文件的加载、动态链接的特性、程序加载时的动态链接、程序运行时的动态链接、动态链接举例。

第五部分 程序的执行（4学时）

- 概念：程序与指令的执行、指令的流水线执行方式。
- 内容：程序及指令的执行过程、CPU的基本功能和组成、打断程序正常执行的事件、数据通路的基本结构和工作原理、指令流水线的基本原理、适合流水线的指令集特征、CISC和RISC风格指令集、指令流水线的实现、高级流水线实现技术。

第六部分　层次结构存储系统（8 学时）

- 概念：存储器概述、主存与 CPU 的链接及其读写、磁盘存储器、高速缓冲存储器、虚拟存储器、IA-32/Linux 中的地址转换。
- 内容：存储器分类、主存的组成与基本操作、存储器的主要性能指标、各类存储元件的特点、存储器的层次结构、主存模块与 CPU 之间的连接、主存模块的读写操作、Load 指令和 Store 指令的操作过程、磁盘存储器的结构、磁盘存储器的性能指标、磁盘存储器的连接、固态硬盘、程序访问的局部性、cache 基本工作原理、cache 行与主存块的映射、cache 中主存块的替换算法、cache 一致性问题、影响 cache 性能的因素、IA-32 的 cache 结构举例、cache 和程序性能、基本概念、虚拟地址空间、分页方式、页表、逻辑地址向物理地址的转换、快表（TLB）、分段、段页式、存储保护、段选择符和段寄存器、段描述符、描述符表、用户不可见寄存器、逻辑地址向线性地址转换、线性地址向物理地址转换。

第七部分　异常和中断（6 学时）

- 概念：进程与进程的上下文切换、异常和中断、IA-32/Linux 平台中的异常和中断。
- 内容：程序的进程的概念、进程的逻辑控制流、进程的上下文切换、进程的私有地址空间、程序的加载和运行、异常和中断的基本概念、异常的分类、中断的分类、异常和中断的响应过程、中断向量表、中断描述符表、IA-32 中异常和中断的处理、Linux 对异常和中断的处理、IA-32/Linux 的系统调用。

第八部分　I/O 操作的实现（4 学时）

- 概念：用户空间 I/O 软件、I/O 硬件与软件之间的接口。
- 内容：用户程序中的 I/O 函数、文件的基本概念、系统级 I/O 函数、C 标准 I/O 库函数、用户程序中的 I/O 请求、I/O 设备、设备控制器、I/O 端口及其编址、I/O 控制方式、与设备无关的 I/O 软件、设备驱动程序、中断服务程序、hello 程序的整个运行过程。

■ 教学内容（实验部分 34 学时）

- 通过设计大小实验，辅助适当实际操作讲课，指导学生完成一系列课程实践。其中主要包括 PA 部分和 Lab 部分。PA 部分将会在框架代码的基础上实现一个

RISC-V 全系统模拟器 NEMU，它不仅能运行各类测试程序，甚至还可以运行操作系统和《仙剑奇侠传》游戏。通过详细模拟硬件的执行，学生能够更深入地理解计算机系统。总计 5 个 PA 实验（PA0 ～ PA4），PA0 为环境搭建，PA1、PA2 比重较大，PA3、PA4 比重逐步降低，单个实验限时 3 ～ 5 周。Lab 部分将针对计算机系统基础这门课程中的一些小的综合编程题，旨在结合课堂知识解决一些实际问题。总计 4 个 Lab 实验（Lab1 ～ Lab4），单个实验限时 1 ～ 2 周。

- 实验课的具体教学内容如下：

周	实验课主题	实验课内容	实验计划
1	实验课概览	介绍实验教学内容，简述 NEMU 设计框架和历史，同时指导学生完成必要的实验开发环境配置	布置 PA0
2	C 语言拾遗 1：机制	通过演示 GCC 指令和必要选项，展示 C 语言和机器语言之间的关联，展示 C 程序编译运行的细节	布置 PA1
3	C 语言拾遗 2：编程实践	通过 YEMU 的例子，展示其实际状态机执行细节，使学生更直观地理解计算机系统的指令运行过程	布置 Lab1 收取 PA0
4	NEMU 框架选讲 1：编译运行	导读 NEMU 框架的编译运行	
5	NEMU 框架选讲 2：代码导读	导读 NEMU 框架代码，介绍编程环境搭建技巧	收取 Lab1 布置 PA2
6	数据的机器级表示	介绍数据机器级表示与位运算编程技巧，同时适当介绍 IEEE 754 浮点数设计与带来的编程问题	收取 PA1
7	x86-64 选讲	介绍机器字长发展与函数调用管理 ABI，指导阅读 32 位与 64 位汇编代码，模拟运行	布置 Lab2
8	调试理论与实践	介绍调试理论，并展示调试中的 pros 和 cons	
9	链接与加载选讲	介绍静态链接与动态链接内容，侧重展示静态链接实际案例，展示 NEMU 加载运行细节	收取 Lab2 布置 PA3
10	Abstract Machine 设计	NEMU 框架核心 AM 理念和作用介绍	收取 PA2 布置 Lab3
11	I/O 设备	介绍 I/O 设备与系统的关系	
12	系统编程与基础设施	展示基础设施重要性，并指导阅读 NEMU 中 diff-test 部分基础设施代码，并通过案例展示其运行	收取 Lab3
13	中断与分时多任务	介绍中断机制在系统中的设计重要性及作用，通过多任务案例展示中断如何支持分时多任务	布置 Lab4
14	程序优化选讲	介绍计算机系统多流水线等机制，展示多样程序优化技巧	收取 PA3 布置 PA4
15	虚拟存储选讲	介绍计算机存储体系层次内容，展示系统设计中虚拟存储的设计案例的共通理念	收取 PA4
16	工具案例展示		
17	NEMU 答疑		收取 Lab4

4.7 “操作系统导论”教学大纲

■ 课程概要

课程编号	30000200	学分	3	学时	48	开课学期	第四学期
课程名称	中文名：操作系统导论 英文名：Introduction to Operating System Concepts						
课程简介	操作系统是管理计算机硬件与软件资源的核心系统程序，其拓展了底层硬件的功能，使各类资源高效利用，为应用程序和用户提供可靠、方便、完善的服务。本课程是人工智能专业的学科基础课程之一，旨在全面系统地介绍操作系统的体系结构、设计机理及实现方法和技术，包括自启动装入、系统调用、进程与线程、处理器调度、同步机制、死锁处理、基于分区 / 分页 / 分段的内存管理及虚拟存储、文件系统、设备管理等。						
教学要求	要求学生了解操作系统的基本概念、方法与技术，了解操作系统的整体工作原理，了解与掌握操作系统的主要功能模块与经典算法，最终具备构建和分析复杂系统的能力。						
教学特色	突出基本概念和基本方法的介绍，合理串联各知识点。						
课程类型	☑ 专业基础课程　☐ 专业核心课程 ☐ 专业选修课程　☐ 实践训练课程						
教学方式（单选）	☑ 讲授为主　☐ 实验 / 实践为主　☐ 专题讨论为主 ☐ 案例教学为主　☐ 自学为主　☐ 其他（为主）						
授课语言（单选）	☑ 中文　☐ 中文 + 英文（英文授课比例 %） ☐ 英文　☐ 其他外语（ ）						
考核方式（单选）	☑ 考试　☐ 考查 ☐ 考试 + 考查　☐ 其他（ ）						
成绩评定标准	平时作业（占 15%），期中考试（占 25%），期末考试（占 60%）						
教材及主要参考资料	[1] TANENBAUM A, BOS H. 现代操作系统（原书第 4 版）[M]. 陈向群，等译. 北京：机械工业出版社，2017. [2] SILBERSCHATZ A, GALVIN P B, GAGNE G. 操作系统概念（原书第 9 版）[M]. 郑扣根，等译. 北京：机械工业出版社，2018. [3] ANDERSON T, DAHLIN M. Operating systems principles and practice [M]. 2nd ed. Recursive Books, 2014.						
先修课程	计算机系统基础、程序设计基础						

大纲提供者：钮鑫涛、吴化尧

■ 教学内容（48 学时）

第一部分　操作系统概论（4 学时）

- 概念：操作系统（operating system），批处理系统（batch system），实时系统

（real-time system），多道程序设计（multiple programming），分时系统（time-sharing system），抽象（abstraction），保护（protection），系统调用（system call），信号（signal），上行调用（up call），宏内核（monolithic kernel），微内核（microkernel），机制与策略（mechanism and policy），虚拟机（virtual machine）。

- 内容：操作系统的概念、发展历史和作用；基本硬件以及对硬件的几个基本抽象概念（即线程、地址空间、文件、进程）的介绍；系统调用的基本过程以及 Linux 中重要的几组系统调用；中断处理和上行调用的原理和过程；操作系统的几种架构（即宏内核、层次化、微内核、虚拟机等）。

第二部分 进程与线程（12学时）

- 概念：进程（process），线程（thread），进程控制块（process control block），僵尸进程（zombie process），孤儿进程（orphan process），阻塞（blocking），唤醒（wakeup），进程间通信（interprocess communication），共享内存（shared memory），消息传递（message passing），管道（pipe），线程控制块（thread control block），用户级线程（user-level thread），内核线程（kernel-level thread），队列（queue），调度（scheduling），CPU密集型（CPU-bound），I/O密集型（I/O-bound），抢占式调度（preemptive scheduling），非抢占式调度（non-preemptive scheduling），吞吐量（throughput），周转时间（turnround time），响应时间（response time），公平性（fairness），老化（aging），利特尔法则（Little’s law）。
- 内容：进程和线程的概念、在内存中的表现形式、状态、生命周期；进程和线程相关的系统调用；多道程序设计中的进程数量和 CPU 利用率的关系，进程和线程调度中上下文切换过程；进程间通信的基本方式；用户级和内核级线程的区别以及用法；多种 CPU 调度算法（如先进先出、最短任务优先、最短剩余时间调度，时间片轮转，优先级调度，多级反馈队列，彩票调度，Max-Min 调度，单调速率调度，最早截止期限调度，完全公平调度）；排队模型以及在此之上的调度算法的评估。

第三部分 同步（12学时）

- 概念：同步（synchronization），竞争条件（race condition），临界区（critical section），互斥（mutex），原子性（atomic），安全性和活性（safety and liveness），忙等待（busy waiting），等待和唤醒（sleep/wakeup），条件变量（condition variable），信

号量（semaphore），管程（monitor），屏障（barrier），读 – 复制 – 更新（Read-Copy-Update，RCU），死锁（deadlock），可抢占资源（preemptable resource），不可抢占资源（nonpreemptable resource），现有资源向量（existing resource vector），可用资源向量（available resource vector），当前分配矩阵（current allocation matrix），请求矩阵（request matrix），两阶段加锁（two-phrase locking），通信死锁（communication deadlock），活锁（livelock），饥饿（starvation）。

- 内容：同步、临界区概念，利用皮特森算法、强制锁轮转、自旋锁等实现互斥，优先级反转、生产者 – 消费者问题 / 有界缓冲区、哲学家就餐和读者 – 写者等经典同步问题的分析和求解，同步原语互斥锁、条件变量、信号量、屏障的介绍和实现，Linux 中互斥算法 Futex 分析，基于 Hoare、Brinch Hansen 和 Mesa 语义的管程实现和应用，避免锁的算法 RCU 的实现，死锁的产生原理，死锁检测的基本算法，死锁状态恢复方法，基于资源追踪的界定安全和非安全状态的方法，死锁避免算法（如银行家算法）的介绍，死锁预防条件分析，活锁和饥饿的问题分析。

第四部分　内存管理（8 学时）

- 概念：虚拟地址空间（virtual address space），物理地址空间（physical address space），内存管理单元（memory-management unit），转换检测缓存（translation look-aside buffer），内存分配（memory allocation），内存碎片（memory fragmentation），交换（swapping），段式存储管理（segmentation），页式存储管理（paging），虚拟内存（virtual memory），页面替换（page replacement），引用局部性原理（locality of reference），工作集（working set）。
- 内容：虚拟地址空间、物理地址空间的基本概念，内存管理涉及的硬件支持，空闲内存管理方案，连续内存分配算法，分区、分段和分页式内存管理的基本原理和方法，分段和分页的比较和组合，页表结构和页面大小的设计，共享页面的实现，请求分页的基本概念和方法，缺页错误的处理流程，内存有效访问时间的估计，页面替换算法及其分析与比较，Linux 内存管理的基本机制。

第五部分　文件系统（8 学时）

- 概念：文件（file），文件属性（file attribute），目录（directory），绝对路径和相对路径（absolute and relative paths），硬链接和符号链接（hard and symbolic links），文件系统（file system），分区（partition），安装（mounting），文件控制块（file control block），文件分配表（file allocation table），索引（index），空闲空间表（free space list），日志结构文件系统（log-structured file system），虚拟文件系统（virtual file system）。

- 内容：文件的基本概念和命名，文件的类型和属性，与文件相关的操作，文件的存储和访问方法，文件目录的基本概念，层次文件目录结构的设计，文件系统的分区与安装，文件的共享和保护机制，文件系统的结构，文件目录的实现，文件存储磁盘空间的管理和分配方法，文件的一致性问题及解决方案，针对文件系统效率和性能的优化方案，日志文件系统和虚拟文件系统的基本概念，Linux 文件系统的基本设计和实现方式。

第六部分 设备管理（4 学时）

- 概念：块设备（block device），字符设备（character device），设备控制器（device controller），内存映射 I/O（memory-mapped I/O），I/O 端口空间（I/O port space），直接存储器存取（Direct Memory Access，DMA），轮询（polling），中断处理程序（interrupt handler），中断向量（interrupt vector），软中断（software interrupt），设备驱动程序（device driver），缓冲（buffering），假脱机（spool）。
- 内容：I/O 基本概念，I/O 控制的三种实现方式（即程序控制 I/O、基于中断的 I/O 和 DMA）；I/O 系统的层次结构；缓冲区管理；盘硬件的结构介绍，磁盘格式化，错误处理，磁盘臂调度算法。

专业核心课程教学大纲

5.1 “人工智能导论”教学大纲

■ 课程概要

课程编号	30000040	学分	2	学时	32	开课学期	第三学期
课程名称	中文名：人工智能导论 英文名：Introduction to Artificial Intelligence						
课程简介	本课程是人工智能专业重要的专业核心课程之一，其目的是使学生了解人工智能的基本原理与基本方法，初步学习和掌握人工智能的基本技术与应用，并为进一步学习和应用人工智能奠定基础。						
教学要求	要求学生掌握人工智能研究的基本问题结构、基本思想方法，对人工智能有更全面、更深入的体会和准确的理解；在面对一个人工智能相关问题时，能进行归纳、总结，探索问题背后的规律；进一步提高学生的人工智能修养、科学思维、逻辑推理能力，逐步学会用人工智能技术解决现实中的问题。						
教学特色	详略得当，突出重点，巧用示例，提高理解。						
课程类型	□ 专业基础课程　☑ 专业核心课程 □ 专业选修课程　□ 实践训练课程						
教学方式（单选）	☑ 讲授为主　□ 实验 / 实践为主　□ 专题讨论为主 □ 案例教学为主　□ 自学为主　□ 其他（为主）						
授课语言（单选）	☑ 中文　□ 中文 + 英文（英文授课比例 %） □ 英文　□ 其他外语（ ）						
考核方式（单选）	□ 考试　☑ 考查 □ 考试 + 考查　□ 其他（ ）						
成绩评定标准	编程作业（4 次，每次占 20%），期末论文（占 20%）						
教材及主要参考资料	[1] RUSSELL S J，NORVIG P. Artificial intelligence: A modern approach [M]. 3rd ed. Pearson，2011.						
先修课程	程序设计基础、数理逻辑、离散数学、概率论与数理统计						

大纲提供者：俞扬

■ 教学内容（32学时）

第一部分 简介（2学时）

- 概念：智能体（agent），环境（environment），执行器（actuator），传感器（sensor）。
- 内容：人工智能的定义，人工智能的发展，人工智能在电影中的体现，人工智能的应用（自动驾驶、围棋、人脸识别等），著名人工智能系统简介，人工智能系统的结构。

第二部分 搜索（10学时）

- 概念：搜索问题（search problem），基于目标的智能体（goal-based agent），时间复杂度，空间复杂度，图（graph），树形结构（tree structure），搜索策略（search strategies），广度优先（breadth-first），深度受限（depth-limited），深度优先（depth-first），迭代加深搜索（iterative deepening），对抗搜索（adversarial search），博弈（game），赌博机问题（bandit problem），蒙特卡罗树搜索（MCTS），约束满足问题（CSP），无免费午餐定理（NFL）。
- 内容：搜索问题举例，面向搜索的智能体，树搜索（tree search），图搜索（graph search），均匀搜索策略（uniformed search strategies），广度优先搜索（breadth-first search），深度受限搜索（depth-limited search），深度优先搜索（depth-first search），迭代加深搜索（iterative deepening search），均匀搜索的性质，带信息的搜索策略（informed search strategies），最优优先搜索（best-first search），贪婪搜索（greedy search），A星搜索（A* search），极小极大算法（minimax algorithm），alpha-beta剪枝（alpha-beta pruning），博弈举例，确定性博弈，随机性博弈，不完美信息博弈，赌博机问题介绍，探索方法（epsilon-greedy、UCB、softmax等）简介，蒙特卡罗树搜索（MCTS），Alpha-Go，约束满足问题，标准搜索范式，回溯搜索（backtracking search），树结构的约束满足问题，约束满足问题的变量，真实世界的约束满足问题，爬山算法（hill climbing），纯随机搜索（purely random search），元启发式算法（meta-heuristics）。

第三部分 逻辑（8学时）

- 概念：知识（knowledge），基于知识的智能体（knowledge-based agent），逻辑（logic），句法（syntax），语义（semantics），蕴含（entailment），模型（model），

推理（inference），逻辑等价性，有效性，可满足性，规划（planning），语言（language）。

- 内容：逻辑相关定义介绍，推理，命题逻辑（propositional logic），真值表，前向 / 后向推理，证明方法，消解（resolution），SAT 问题，一阶逻辑（first-order logic），推理技术发展史，命题推理，前件推理（generalized modus ponens），复杂匹配问题，逻辑编程（logic programming）。

第四部分　不确定性（4 学时）

- 概念：不确定性（uncertainty），概率（probability），随机变量（random variable），先验概率，条件概率，条件独立性。
- 内容：如何应对不确定性，在不确定性下做决策，语法命题，基于枚举的推理，贝叶斯定理，贝叶斯网络，局部语义（local semantics），构建贝叶斯网络，在贝叶斯网络中推理，通过变量消除进行推理，近似推理（approximate inference），拒绝采样（rejection sampling），似然加权，基于 MCMC 的近似推理，马尔可夫链（Markov Chain）。

第五部分　学习（6 学时）

- 概念：学习（learning），深度学习（deep learning），归纳学习（inductive learning），假设空间（hypothesis spaces），信息（information），基尼指数（Gini index），贝叶斯规则（Bayes rule），偏差 – 方差问题（bias-variance dilemma），过拟合 / 欠拟合，泛化误差，监督学习与强化学习，马尔可夫决策过程（MDP），Q 函数，最优策略，自编码器（autoencoder），卷积神经网络，激活函数。
- 内容：学习概念介绍，基于属性的特征表达，分类任务，回归任务，学习算法介绍，决策树，如何应对连续属性，近邻分类算法（nearest neighbor classifier），朴素贝叶斯分类（naive Bayes），学习过程中存在的问题（偏差、方差、过拟合、欠拟合，泛化误差），PAC 学习，线性模型，最小二乘回归，正则化，岭回归，梯度上升，线性分类器，逻辑斯蒂克回归，支持向量机（SVM），强化学习，马尔可夫决策过程（MDP），贝尔曼最优方程，最优策略求解，免模型强化学习，蒙特卡罗强化学习，强化学习中的探索，模型近似（model approximation），深度学习常用方法介绍，深度学习的应用。

第六部分 应用（2学时）

- 介绍机器人、自然语言处理、计算机视觉等人工智能子领域的应用进展。

5.2 “机器学习导论”教学大纲

■ 课程概要

课程编号	30000150	学分	2	学时	32	开课学期	第四学期
课程名称	中文名：机器学习导论						
	英文名：Introduction to Machine Learning						
课程简介	机器学习是人工智能的核心领域之一，被广泛应用于科学、工程、商业、产业、医学等诸多领域，为各国政府、大型企业和科学研究者所关注。“机器学习导论”是人工智能专业的专业核心课程之一，主要讲述机器学习的基本概念和基本方法。通过本课程的学习，学生可以掌握机器学习的基础知识，学会如何在实践过程中将机器学习方法、技术与具体数据、任务相结合，以进行学习模型的构建和对输出结果的评估，从而通过独立完成机器学习模型构建来解决实际问题。本课程通过启发式教学和大量编程实验的练习，引导学生利用所学的机器学习知识完成对不同类型具体任务的分析与建模工作，培养学生理论和实际相结合的能力。实验环境为 Python 等程序设计语言或 Matlab 等数学软件。						
教学要求	本课程的教学目标是使学生对机器学习有初步的认识，初步掌握机器学习的基本原理和方法，并初步形成利用机器学习技术解决问题的思维方式。						
教学特色	通过课堂多媒体讲解与实践作业，促进对机器学习思想的掌握和应用，针对实际任务度身定做机器学习算法。						
课程类型	☐ 专业基础课程　☑ 专业核心课程 ☐ 专业选修课程　☐ 实践训练课程						
教学方式（单选）	☑ 讲授为主　☐ 实验/实践为主　☐ 专题讨论为主 ☐ 案例教学为主　☐ 自学为主　☐ 其他（为主）						
授课语言（单选）	☑ 中文　☐ 中文+英文（英文授课比例 %） ☐ 英文　☐ 其他外语（ ）						
考核方式（单选）	☑ 考试　☐ 考查 ☐ 考试+考查　☐ 其他（ ）						
成绩评定标准	作业（占40%），能力测试（期中）（占30%），期末考试（占30%）						
教材及主要参考资料	[1] 周志华. 机器学习 [M]. 北京：清华大学出版社，2016.						
先修课程	概率论与数理统计、最优化方法导论、人工智能导论						

大纲提供者：周志华

■ 教学内容（32学时）

第一部分　绪论（2学时）

- 概念：机器学习（machine learning），模型（model），学习算法（learning algorithm），示例（instance），样本（sample），属性（attribute），特征（feature），属性值（attribute value），属性空间（attribute space），样本空间（sample space），特征向量（feature vector），维数（dimensionality），学习（learning），训练（training），训练集（training set），假设（hypothesis），学习器（learner），预测（prediction），标记（label），样例（example），分类（classification），回归（regression），监督学习（supervised learning），无监督学习（unsupervised learning），泛化（generalization），分布（distribution），独立同分布（independent and identically distributed），版本空间（version space），归纳偏好（inductive bias），奥卡姆剃刀（Occam's razor）。
- 内容：总体介绍课程内容，包括机器学习中的一些基本概念和术语；介绍机器学习的发展历程；假设空间的概念；介绍归纳偏好以及"没有免费午餐"定理；介绍机器学习的应用现状等。

第二部分　模型评估与选择（3学时）

- 概念：错误率（error rate），精度（accuracy），误差（error），经验误差（empirical error），泛化误差（generalization error），过拟合（overfitting），欠拟合（underfitting），测试集（testing set），采样（sampling），交叉验证法（cross validation），自助法（bootstrapping），包外估计（out-of-bag estimate），调参（parameter tuning），验证集（validation set），均方误差（mean square error），查准率（precision），查全率（recall），混淆矩阵（confusion matrix），ROC曲线下面积（Area Under ROC Curve，AUC），代价矩阵（cost matrix），代价敏感（cost-sensitive），假设检验（hypothesis test），偏差–方差分解（bias-variance decomposition）。
- 内容：介绍机器学习的模型评估与选择的目的和方法；介绍机器学习中经验误差的概念以及过拟合现象；介绍机器学习模型评估方法与性能度量；介绍比较检验方法；从偏差与方差分解角度理解机器学习的特性等。

第三部分　线性模型（4学时）

- 概念：线性模型（linear model），线性回归（linear regression），最小二乘

法（least square method），闭式解（closed-form solution），广义线性模型（generalized linear model），联系函数（link function），对数几率函数（logistics function），线性判别分析（linear discriminative analysis），纠错输出码（error correcting output code），类别不平衡（class-imbalance），再缩放（rescaling），欠采样（undersampling），过采样（oversampling），阈值移动（threshold-moving），代价敏感学习（cost-sensitive learning）。

- 内容：介绍线性模型的基本形式；介绍线性回归的优化和扩展；介绍对数几率回归模型及其求解方式；介绍线性判别分析；介绍多分类学习常见的方式；介绍机器学习处理类别不平衡问题的主要思路等。

第四部分　决策树（4学时）

- 概念：决策树（decision tree），纯度（purity），信息熵（information entropy），信息增益（information gain），增益率（gain ratio），基尼系数（Gini index），预剪枝（prepruning），后剪枝（postpruning），决策树桩（decision stump），单变量决策树（univariate decision tree），多变量决策树（multivariate decision tree）。
- 内容：介绍决策树的基本流程；介绍决策树的划分选择方式，如信息增益、增益率、基尼指数，以及常见的决策树算法；介绍决策树的剪枝处理，包括预剪枝和后剪枝，并对其优缺点进行比较分析；介绍连续与缺失值的处理；介绍多变量决策树等。

第五部分　神经网络（3学时）

- 概念：神经网络（neural network），神经元（neuron），阈值（threshold），激活函数（activation function），线性可分（linearly separable），收敛（converge），隐含层（hidden layer），多层前馈神经网络（multi-layer feedforward neural networks），误差逆传播（error backpropagation），梯度下降（gradient descent），累积误差逆传播（accumulated error backpropagation），试错法（trial-by-error），早停（early stopping），正则化（regularization），局部极小（local minimum），全局最小（global minimum），卷积神经网络（Convolutional Neural Network，CNN），汇合层（pooling），特征学习（feature learning），表示学习（representation learning）。
- 内容：介绍神经元模型；介绍感知机与多层网络；介绍BP算法的流程；介绍全局最小与局部极小，探究神经网络优化中面临的难题；介绍SOM、ART等其他常见神经网络模型；介绍深度学习的基本概念。

第六部分　支持向量机（4 学时）

- 概念：支持向量（support vector），间隔（margin），最大间隔（maximum margin），支持向量机（Support Vector Machine，SVM），凸二次规划（convex quadratic programming），对偶问题（dual problem），支持向量展式（support vector expansion），再生核希尔伯特空间（Reproducing Kernel Hilbert Space，RKHS），软间隔（soft margin），硬间隔（hard margin），替代损失（surrogate loss），松弛变量（slack variable），结构风险（structural risk），经验风险（empirical risk），正则化（regularization），支持向量回归（Support Vector Regression，SVR），ε- 不敏感损失函数（ε-insensitive loss），表示定理（representation theorem），核方法（kernel method），核线性判别分析（Kernelized Linear Discriminant Analysis，KLDA）。
- 内容：介绍间隔与支持向量的概念，推导支持向量机的基本形式；介绍对偶问题，从对偶的角度讲解支持向量机的求解方式；介绍核函数，并基于核函数扩展支持向量机模型；介绍软间隔支持向量机，以及对一般机器学习模型正则化的思路和方式；介绍支持向量机的应用，如支持向量回归；介绍表示定理以及核方法。

第七部分　贝叶斯分类器（4 学时）

- 概念：贝叶斯决策论（Bayesian decision theory），期望损失（expected loss），条件风险（conditional risk），贝叶斯判定准则（Bayes decision rule），贝叶斯最优分类器（Bayes optimal classifier），贝叶斯风险（Bayes risk），判别式模型（discriminative model），生成式模型（generative model），似然（likelihood），极大似然估计（Maximum Likelihood Estimation，MLE），朴素贝叶斯分类器（naive Bayes classifier），拉普拉斯修正（Laplacian correction），懒惰学习（lazy learning），半朴素贝叶斯分类器（semi-naive Bayes classifiers），独依赖估计（One-Dependent Estimator，ODE），贝叶斯网（Bayesian network），信念网（belief network），有向无环图（Directed Acyclic Graph，DAG），条件概率表（Conditional Probability Table，CPT），同父（common parent）结构，V 型结构（V-structure），边际独立性（marginal independence），有向分离（D-separation），道德图（moral graph），道德化（moralization），评分函数（score function），推断（inference），吉布斯采样（Gibbs sampling），隐变量（latent variable），边际似然

(marginal likelihood), EM (Expectation-Maximization) 算法。

- 内容：介绍贝叶斯决策论；介绍极大似然估计方法的主要步骤；介绍属性条件独立性假设以及朴素贝叶斯分类器；介绍半朴素贝叶斯分类器；介绍贝叶斯网的基本概念，包括贝叶斯网的结构、学习和推断的过程；介绍 EM 算法的主要思路。

第八部分　集成学习（3学时）

- 概念：集成学习（ensemble learning），多分类器系统（multi-classifier system），个体学习器（individual learner），基学习器（base learner），组件学习器（component learner），弱学习器（weak learner），投票法（voting），多样性（diversity），随机森林（random forest），加性模型（additive model），包外估计（out-of-bag estimate），简单平均法（simple averaging），加权平均法（weighting averaging），绝对多数投票法（majority voting），相对多数投票法（plurality voting），加权投票法（weighted voting），硬投票（hard voting），软投票（soft voting），元学习器（meta-learner），分歧（ambiguity），误差－分歧分解（error-ambiguity decomposition），多样性度量（diversity measure），预测结果列联表（contingency table），不合度量（disagreement measure），稳定基学习器（stable base learner），随机子空间（random subspace）集成修剪（ensemble pruning）。
- 内容：介绍个体学习器与集成的关系，介绍集成学习中的代表性方法，如 Boosting、Bagging、随机森林等；介绍集成学习中常见的结合策略，如平均法、投票法、学习法等；介绍集成学习中多样性的概念，如误差－分歧分解，多样性的度量、增强等。

第九部分　聚类（2学时）

- 概念：无监督学习（unsupervised learning），聚类（clustering），簇（cluster），有效性指标（validity index），簇内相似度（intra-cluster similarity），簇间相似度（inter-cluster similarity），参考模型（reference model），外部指标（external index），内部指标（internal index），距离度量（distance measure），相似度度量（similarity measure），非度量距离（non-metric distance），基于原型的聚类（prototype-based clustering），k 均值（k-means），学习向量量化（Learning Vector Quantization，LVQ），高斯混合（Mixture-of-Gaussian），基于密度的聚类（density-based clustering），邻域（neighborhood），核心对象（core object），密度直达（directly density-reachable），密度可达（density-reachable），密度相连（density-connected），连接性

(connectivity)，最大性(maximality)，层次聚类(hierarchical clustering)。

- 内容：介绍聚类任务，强调聚类任务和监督学习任务的不同；介绍不同的聚类准则；介绍距离度量的基本性质以及常见的距离计算方法；介绍原型聚类、密度聚类、层次聚类等不同的聚类模型。

第十部分　降维与度量学习(3学时)

- 概念：*K*近邻(K-Nearest Neighbor，KNN)，懒惰学习(lazy learning)，急切学习(eager learning)，密采样(dense sample)，维度灾难(curse of dimensionality)，降维(dimension reduction)，子空间(subspace)，嵌入(embedding)，多维缩放(Multiple Dimensional Scaling，MDS)，特征值分解(eigenvalue decomposition)，主成分分析(Principal Component Analysis，PCA)，核主成分分析(Kernelized PCA，KPCA)，流形学习(manifold learning)，等度量映射(Isometric Mapping，Isomap)，测地线(geodesic)距离，局部线性嵌入(Locally Linear Embedding，LLE)，度量学习(metric learning)，马氏距离(Mahalanobis distance)，近邻成分分析(Neighbourhood Component Analysis，NCA)，必连(must-link)，勿连(cannot-link)。
- 内容：介绍近邻学习的主要思路和特性；探究高维度带来的挑战，介绍低维嵌入的相关方法和思路；介绍主成分分析的不同视角以及求解方式；介绍核化线性降维；介绍流形学习的常见方法；介绍度量学习的主要思路。

5.3 “知识表示与处理”教学大纲

■ 课程概要

课程编号	30000160	学分	2	学时	32	开课学期	第四学期
课程名称	中文名：知识表示与处理						
	英文名：Knowledge Representation and Processing						
课程简介	知识表示与处理，作为人工智能的起源领域之一，由四位图灵奖得主 Herbert A. Simon、Allen Newell、Edward A. Feigenbaum、John McCarthy 开创并奠基，它是机器通往智能的基础，同时也是人类高阶智慧在机器上的集中体现。知识表示与处理的目标是让机器拥有人类的经验和知识，并且能够按照某种规则推理得到新的知识，最终运用这些知识来辅助机器进行计算和决策。把人类的理性行为变成计算模型是该领域的核心研究问题。						

（续）

课程简介	“知识表示与处理”课程内容覆盖该领域的起源和发展历史，以“描述逻辑”（一种逻辑语言家族，是当前最热门的知识表示语言）为载体介绍知识表示与处理领域的基本概念，经典理论，方法、技术及其应用，以及部分前沿科学问题。该课程秉持理论与应用并重的思想。其中，知识表示与处理经典理论包括以集合论和模型论为基础的模型结构和语言表达力分析，以及以计算理论为基础的推理复杂度分析等。
教学要求	通过课程学习，掌握知识表示与处理的基本概念、经典理论和方法，初步具备知识表示与处理相关任务的工程实践能力。学习这门课程不仅仅简单地对知识进行记忆，还要思考背后的逻辑，也就是事物的底层哲学。学生需认真听讲并积极参与课堂讨论，独立完成平时作业，认真准备专题讨论和期末考试。
教学特色	教学内容：领域基础理论与前沿进展相结合。 教学形式：英文授课，引导式讲授为主，实践与专题讨论为辅。
课程类型	☐ 专业基础课程　☑ 专业核心课程 ☐ 专业选修课程　☐ 实践训练课程
教学方式（单选）	☑ 讲授为主　☐ 实验 / 实践为主　☐ 专题讨论为主 ☐ 案例教学为主　☐ 自学为主　☐ 其他（为主）
授课语言（单选）	☐ 中文　☑ 中文 + 英文（英文授课比例 50%） ☐ 英文　☐ 其他外语（ ）
考核方式（单选）	☐ 考试　☐ 考查 ☑ 考试 + 考查　☐ 其他（ ）
成绩评定标准	平时作业（占 50%），期末考试（占 50%）
教材及主要参考资料	[1] VAN HARMELEN F, LIFSCHITZ V, PORTER B. Handbook of knowledge representation [M]. Elsevier Science, 2008. [2] BAADER F, HORROCKS I, LUTZ C, SATTLER U. An introduction to description logic [M]. Cambridge University Press, 2017. [3] SIPSER M. Introduction to the theory of computation [M]. 3rd ed. Course Technology Inc, 2012.
先修课程	必须先修：离散数学、数理逻辑 建议先修：计算理论

大纲提供者：赵一铮

■ 教学内容（32 学时）

第一部分　绪论（2 学时）

1.1　什么是知识表示与处理

1.2　什么是本体和描述逻辑

1.3　这门课程需要学习什么

第二部分　描述逻辑基础知识（4 学时）

2.1　描述逻辑语言 ALC

2.2　ALC 知识库——TBox 和 ABox

2.3　基础推理问题和服务

2.4　如何使用推理解决实际问题

2.5　ALC 的几种重要扩展

2.6　描述逻辑与其他逻辑语言的关系

第三部分　一点关于模型论的基础知识（6 学时）

3.1　同构

3.2　表达力与表达力比较

3.3　不交并下的闭包

3.4　有限模型论

3.5　树状模型论

第四部分　描述逻辑的 Tableau 推理算法（6 学时）

4.1　Tableau 基础知识

4.2　ALC 上的 Tableau 算法

4.3　ALCIN 上的 Tableau 算法

4.4　Tableau 算法实现上的问题

第五部分　推理复杂度（6 学时）

5.1　一些计算复杂度理论

5.2　ALC 上的概念可满足性问题

5.3　ALC 扩展上的概念可满足性问题

5.4　ALC 扩展上的不可决定性

第六部分　一种特殊的描述逻辑语言——EL 家族（4 学时）

6.1　EL 家族的语法语义特点

6.2 EL 上的推理问题

6.3 ELI 上的推理问题

6.4 对比两种推理算法

第七部分 经典 QA 问题（4 学时）

7.1 Conjunctive 问答与 FO 问答

7.2 FO 的可重写性和 DL-Lite 语言

7.3 EL 和 ELI 上的 Datalog 可重写性

7.4 复杂度方面的一些结果

5.4 “模式识别与计算机视觉”教学大纲

■ 课程概要

课程编号	30000170	学分	2	学时	32	开课学期	第六学期
课程名称	中文名：模式识别与计算机视觉 英文名：Pattern Recognition and Computer Vision						
课程简介	模式识别与计算机视觉均是人工智能领域的重要组成部分，有丰富的理论和实际应用。在深度学习技术快速发展的背景下，模式识别与计算机视觉研究的很多问题与方法也出现了较大程度的重合。本课程将讲授模式识别的基本概念、系统构建框架和经典方法，并简要介绍其研究、应用现状和前景；在计算机视觉方面，将着重介绍其与模式识别不重合的方法与应用。						
教学要求	本课程最重要的要求是使学生了解并能初步应用“了解问题、产生想法、形式化定义、问题简化、问题研究与解决”的经典步骤，从而能够独立解决遇到的新问题；掌握课程涉及的各方法的主要思想、前提条件和部分重要方法的理论推导，能正确且熟练地使用相关方法。						
教学特色	注重可读性并培养学生的独立自学能力；强调实践性并锻炼学生的系统构建能力；引进先进性并培育部分学生的前沿研究能力。						
课程类型	☐ 专业基础课程 ☑ 专业核心课程 ☐ 专业选修课程 ☐ 实践训练课程						
教学方式（单选）	☑ 讲授为主 ☐ 实验 / 实践为主 ☐ 专题讨论为主 ☐ 案例教学为主 ☐ 自学为主 ☐ 其他（为主）						

（续）

授课语言（单选）	☑ 中文　☐ 中文 + 英文（英文授课比例 %） ☐ 英文　☐ 其他外语（ ）
考核方式（单选）	☐ 考试　☐ 考查 ☑ 考试 + 考查　☐ 其他（ ）
成绩评定标准	期末考试（占 50%），平时作业 + 课堂测试（占 50%）
教材及主要参考资料	[1] 吴建鑫. 模式识别 [M]. 北京：机械工业出版社，2020. [2] SZELISKI R. 计算机视觉：算法与应用 [M]. 艾海舟，兴军亮，等译. 北京：清华大学出版社，2011.
先修课程	数学分析（一）、数学分析（二）、高等代数（一）、高等代数（二）、概率论与数理统计

大纲提供者：吴建鑫

■ 教学内容（32 学时）

第一部分　课程基础（8 学时）

- 简介：什么是模式识别，什么是计算机视觉，两者之间的关系，以及它们与其他相关课程的联系和区别。
- 数学知识简要回顾：线性代数、概率与统计。
- 系统：构建模式识别系统（包括计算机视觉系统）的过程。
- 评估：系统及模型的评估方法、准则。

第二部分　领域无关的特征提取（4 学时）

- 主成分分析（PCA）。
- Fisher 线性判别。

第三部分　经典方法（6 学时）

- 支持向量机。
- 信息论简介、决策树。
- 概率方法。

第四部分　特殊数据（4 学时）

- 特殊数据简介：稀疏数据、未对齐数据。
- 马尔可夫模型。

第五部分　计算机视觉简介（4 学时）

- 基础概念：图像的形成、低层图像处理。

- 基本任务：三维几何、检测、识别、分割、跟踪。

第六部分 前沿技术简介（6学时）

- 深度学习：CNN、Transformer。
- 基本概念：反向传播算法、软件框架。
- 模式识别与计算机视觉实际系统的实例剖析。

5.5 “自然语言处理”教学大纲

■ 课程概要

课程编号	30000180	学分	2	学时	32	开课学期	第六学期
课程名称	中文名：自然语言处理 英文名：Natural Language Processing						
课程简介	本课程将介绍自然语言处理的基础任务、经典方法以及代表性应用，包括词法、句法分析、文本表示建模、统计学习方法、文本分类、信息抽取、机器翻译等。结合特定任务重点介绍一些模型和方法的工作原理及应用，包括语言模型、隐马尔可夫模型、条件随机场模型、概率句法分析模型、循环神经网络等。						
教学要求	通过本课程的学习，掌握自然语言处理面对的难题和解决路径。能够对自然语言处理相关的实际应用问题进行建模并编程实现。了解自然语言处理领域的最新研究进展。						
教学特色	课堂教学和课程实践相结合。通过实践作业，考核学生掌握课堂知识和实践动手能力。						
课程类型	☐ 专业基础课程 ☑ 专业核心课程 ☐ 专业选修课程 ☐ 实践训练课程						
教学方式（单选）	☑ 讲授为主 ☐ 实验/实践为主 ☐ 专题讨论为主 ☐ 案例教学为主 ☐ 自学为主 ☐ 其他（为主）						
授课语言（单选）	☑ 中文 ☐ 中文+英文（英文授课比例 %） ☐ 英文 ☐ 其他外语（ ）						
考核方式（单选）	☐ 考试 ☐ 考查 ☑ 考试+考查 ☐ 其他（ ）						
成绩评定标准	课堂（占10%），课程实践（占40%），期末考试（占50%）						
教材及主要参考资料	[1] JURAFSKY D, MARTIN J H. Speech and language processing [M/OL]. 3rd ed. http://web.stanford.edu/~jurafsky/slp3/. [2] 宗成庆. 统计自然语言处理 [M]. 2版. 北京：清华大学出版社.						
先修课程	概率论与数理统计、机器学习导论						

大纲提供者：戴新宇

■ 教学内容（32 学时）

第一部分　自然语言处理概述（2 学时）

- 概要介绍自然语言处理的发展历史，典型应用简介，挑战问题。

第二部分　自然语言处理的规则方法（2 学时）

- 规则方法的基本框架，以词形还原、分词等任务为例介绍规则方法的设计与实现过程。

第三部分　文本分类（4 学时）

- 文本分类的应用，文本表示词代模型，朴素贝叶斯文本分类模型，线性文本分类模型，tf*idf 表示模型，特征选择方法，潜在语义分析分布式表示模型，文本分类评价方法。

第四部分　语言模型：概念、建模方法及应用（2 学时）

- N-Gram 语言模型，线性语言模型，模型参数估计，语言模型评价。

第五部分　词向量与语言模型（2 学时）

- 词表示学习，词向量（word2vec）算法思想，CBOW/Skip-Gram 模型学习和优化。

第六部分　神经网络与语言模型（2 学时）

- 神经网络基础，循环神经网络语言模型，GRU/LSTM 等高级循环神经网络模型。

第七部分　高级神经网络与训练模型（2 学时）

- 注意力机制，transformer 编码器，预训练模型框架简介。

第八部分　序列化标注任务及方法（4 学时）

- 词性标注、命名实体识别等序列化标注典型任务介绍，隐马尔可夫模型框架、训练及解码算法，条件随机场模型框架、特征设计、训练及解码算法，神经网络序列化标注模型框架简介。

第九部分　句法分析（4 学时）

- 句法及句法分析的研究背景，形式语法与形式语言概念，上下文无关文法构造，成分句法分析方法，概率成分句法分析方法，依存句法分析方法。

第十部分 机器翻译（2学时）

- 机器翻译应用，机器翻译的发展历史，统计机器翻译的基本流程和框架，神经机器翻译框架。

第十一部分 信息抽取（2学时）

- 信息抽取应用，信息抽取子任务及主流技术。

第十二部分 实践课时（4学时）

- 工程实践任务讲解，优秀实践作品讲演。

保研必修课程教学大纲

6.1 “计算方法”教学大纲

■ 课程概要

课程编号	30000240	学分	2	学时	32	开课学期	第四学期
课程名称	中文名：计算方法 英文名：Computational Methods						
课程简介	通过本课程的学习，使学生掌握解决实际问题的一些常用数值方法，包括函数的数值逼近、数值微分与数值积分、非线性方程数值解、数值线性代数等。本课程既具备数学课程的抽象和严谨，又贴近实际，具有可操作性，能够增强学生应用计算机解决数学问题的能力。						
教学要求	熟悉数值计算中的各类问题的精确定义，掌握基本理论；掌握构造算法的基本思想、算法实现，了解各类算法的特点和误差；能够用计算机编程实现课程中讲授的数值计算算法。						
教学特色	本课程的理论性较强，重点描述数值计算中各类问题的定义、算法构造的基本思想以及算法的推导证明；注重培养学生解决实际问题的能力，针对课程中讲授的算法设计实验题目，要求学生编程实现自己的算法。						
课程类型	□ 专业基础课程　□ 专业核心课程 ☑ 专业选修课程　□ 实践训练课程						
教学方式（单选）	☑ 讲授为主　□ 实验 / 实践为主　□ 专题讨论为主 □ 案例教学为主　□ 自学为主　□ 其他（为主）						
授课语言（单选）	☑ 中文　□ 中文 + 英文（英文授课比例 %） □ 英文　□ 其他外语（ ）						
考核方式（单选）	☑ 考试　□ 考查 □ 考试 + 考查　□ 其他（ ）						
成绩评定标准	平时作业 + 出勤（占 40%），期末考试（占 60%）						

（续）

教材及主要参考资料	［1］李庆扬，王能超，易大义. 数值分析［M］. 5版. 武汉：华中科技大学出版社，2018. ［2］李红，徐长发. 数值分析学习辅导习题解析［M］. 武汉：华中科技大学出版社，2001. ［3］BURDEN R L, FAIRES J D. Numerical analysis［M］. 9th ed. Cengage Learning, 2010.
先修课程	数据结构与算法分析、程序设计基础

大纲提供者：张利军

■ 教学内容（32学时）

第一部分　绪论（2学时）

- 概念：数值分析、计算方法、模型误差、观测误差、截断误差、舍入误差、绝对误差、相对误差、有效数字、数值稳定、秦九韶算法。
- 内容：数值分析研究的对象与特点、误差来源与误差分析、误差的基本概念、数值运算的误差估计、误差分析的方法与原则。

第二部分　插值法（4学时）

- 概念：插值法、插值多项式、*n*次插值基函数、插值余项、艾特肯逐次线性插值公式、Neville算法、差商、差分、牛顿前插公式、牛顿后插公式、两点三次插值多项式、Runge现象、分段线性插值函数、分段三次埃尔米特插值、三次样条函数、三转角方程、三弯矩方程。
- 内容：插值多项式的存在唯一性、拉格朗日插值、逐次线性插值、差商与牛顿插值公式、差分与等距节点插值公式、埃尔米特插值、分段低次插值、三次样条插值。

第三部分　函数逼近与计算（3学时）

- 概念：一致逼近、均方逼近、魏尔斯特拉斯定理、偏差、偏差点、切比雪夫定理、最佳一次逼近多项式、权函数、内积、正交函数、线性无关函数、法方程、正交化、勒让德多项式、切比雪夫多项式、广义傅里叶级数、最小二乘。
- 内容：问题定义、一致逼近的存在性、最佳一致逼近、最佳平方逼近、正交多项式、函数按正交多项式展开、曲线拟合的最小二乘法。

第四部分　数值积分与数值微分（5学时）

- 概念：积分中值定理、梯形公式、矩形公式、机械求积、代数精度、插值型的求积公式、柯特斯系数、辛普森公式、柯特斯公式、偶阶求积公式的代数精度、低阶求积公式的余项、复化求积法、误差的渐近性、梯形法的递推化、误差的事后估计、龙贝格公式、理查森外推加速法、高斯点、高斯－勒让德公式、高斯公式的余项、高斯公式的稳定性、带权的高斯公式、中点方法、机械求导、插值型的求导公式、样条求导。

- 内容：牛顿－柯特斯公式、龙贝格算法、高斯公式、数值微分。

第五部分　方程求根（4 学时）

- 概念：逐步搜索法、二分法、迭代过程的收敛性、误差估计、局部收敛性、迭代公式的加工、艾特肯方法、牛顿公式、线性化方法、收敛速度、牛顿法的局部收敛性、牛顿下山法、弦截法、抛物线法、代数方程、秦九韶算法、劈因子法。
- 内容：根的搜索、迭代法、牛顿法、弦截法与抛物线法、代数方程求根。

第六部分　解线性方程组的直接方法（6 学时）

- 概念：直接法、消元过程、回代过程、矩阵的三角分解、完全主元素消去法、列主元素消去法、列主元素的三角分解、高斯－若尔当消去法、矩阵求逆、直接三角分解法、对称阵的三角分解、平方根法、对角占优的三对角方程组、追赶法、范数、矩阵的算子范数、病态方程、条件数、事后误差估计、舍入误差。
- 内容：高斯消去法、高斯主元素消去法、高斯消去法的变形、向量和矩阵的范数、误差分析。

第七部分　解线性方程组的迭代法（4 学时）

- 概念：收敛、发散、雅克比迭代公式、雅克比方法迭代矩阵、高斯－赛德尔迭代法、高斯－赛德尔迭代法的迭代矩阵、迭代法基本定理、迭代法的收敛速度、迭代法收敛的充分条件、高斯－赛德尔迭代法收敛的充要条件、对角占优矩阵、可约与不可约矩阵、对角占优定理、面向对角占优矩阵的收敛条件、逐次超松弛迭代法、松弛因子、低松弛法、超松弛法、SOR 方法收敛的充要条件、SOR 方法收敛的必要条件、SOR 方法收敛的充分条件、最佳松弛因子理论。
- 内容：雅克比迭代法、高斯－赛德尔迭代法、迭代法的收敛性、解线性方程组的超松弛迭代法。

第八部分 矩阵的特征值与特征向量计算（4学时）

- 概念：特征值、特征向量、特征多项式、Gerschgorin圆盘定理、瑞利商、幂法、规范化、原点平移法、瑞利商加速法、反幂法、上海森伯格阵、初等反射阵、豪斯霍尔德方法、矩阵的QR分解、基本QR算法、QR方法的收敛性、带原点位移的QR算法。
- 内容：幂法、反幂法、豪斯霍尔德方法、QR算法。

6.2 “控制理论与方法”教学大纲

■ 课程概要

<table>
<tr><td>课程编号</td><td>30000250</td><td>学分</td><td>2</td><td>学时</td><td>32</td><td>开课学期</td><td>第五学期</td></tr>
<tr><td rowspan="2">课程名称</td><td colspan="7">中文名：控制理论与方法</td></tr>
<tr><td colspan="7">英文名：Control Theory and Methods</td></tr>
<tr><td>课程简介</td><td colspan="7">本课程从控制系统的微分方程、传递函数、框图、信号流图等数学模型出发，介绍控制系统的相关概念、基本理论、分析和设计方法、典型应用。重点讲授系统特性的分析方法和基于根轨迹法的系统综合设计方法，旨在让学生掌握对受控变量进行自动控制的理论知识，并能够以这些知识为指导，设计出能够满足稳、快、准三方面要求的控制系统。</td></tr>
<tr><td>教学要求</td><td colspan="7">要求学生掌握自动控制的基本概念、基本理论；理解控制系统的一些分析和设计方法；了解控制理论的典型应用，能够设计和实现简易的控制系统。</td></tr>
<tr><td>教学特色</td><td colspan="7">在教学理念上，强调控制系统的数学模型，注重培养学生应用数学和工程思维分析和设计控制系统的能力；在教学内容上，引入国外先进教材，关注控制系统应用的发展现状。</td></tr>
<tr><td>课程类型</td><td colspan="7">☐ 专业基础课程 ☐ 专业核心课程
☑ 专业选修课程 ☐ 实践训练课程</td></tr>
<tr><td>教学方式
（单选）</td><td colspan="7">☑ 讲授为主 ☐ 实验 / 实践为主 ☐ 专题讨论为主
☐ 案例教学为主 ☐ 自学为主 ☐ 其他（为主）</td></tr>
<tr><td>授课语言
（单选）</td><td colspan="7">☑ 中文 ☐ 中文 + 英文（英文授课比例 %）
☐ 英文 ☐ 其他外语（ ）</td></tr>
<tr><td>考核方式
（单选）</td><td colspan="7">☑ 考试 ☐ 考查
☐ 考试 + 考查 ☐ 其他（ ）</td></tr>
<tr><td>成绩评定标准</td><td colspan="7">课后练习 + 编程作业 + 出勤（占40%），期末考试（占60%）</td></tr>
<tr><td>教材及主要参考资料</td><td colspan="7">[1] DORF R C，BISHOP R H. 现代控制系统（原书第12版）[M]. 谢红卫，等译. 北京：电子工业出版社，2018.</td></tr>
<tr><td>先修课程</td><td colspan="7">高等代数</td></tr>
</table>

✎ 大纲提供者：章宗长

■ 教学内容（32 学时）

第一部分　控制系统导论（2 学时）

- 概念：控制，受控对象，预期响应，自动控制，经典控制，现代控制，开环控制，闭环控制，正反馈，负反馈。
- 内容：引言，自动控制简史，自动控制的应用，自动控制的基本概念。

第二部分　系统数学模型（8 学时）

- 概念：线性常微分方程，叠加性，齐次性，拉普拉斯变换，拉普拉斯反变换，传递函数，系统的增益、特征方程、特征根、阶次，传递函数的零点、极点，零、极点分布图，环节（比例环节、微分环节、比例微分环节、二阶微分环节、积分环节、惯性环节、二阶振荡环节、延迟环节），框图，信号线，信号引出点，函数方框，比较点，串联连接，并联连接，反馈连接，闭环传递函数，偏差传递函数，干扰传递函数，干扰偏差传递函数，信号流图，节点，支路，通路，前向通路，回路，回路增益，不接触回路，梅森公式。
- 内容：物理系统的微分方程模型，非线性系统数学模型的线性化，线性常微分方程的求解（引言，拉普拉斯变换的定义，几种典型函数的拉普拉斯变换，拉普拉斯变换的主要性质，拉普拉斯反变换，应用拉普拉斯变换解线性常微分方程），传递函数模型（传递函数的一般形式，典型环节及其传递函数），框图模型（框图模型及其术语，系统框图的建立，系统框图的简化，典型控制系统的框图模型及传递函数），信号流图模型（信号流图及其术语，信号流图的绘制，梅森公式），系统数学模型的 MATLAB 实现。

第三部分　反馈控制系统的性能（6 学时）

- 概念：时域响应，一阶系统，二阶系统，高阶系统，单位脉冲信号，单位阶跃信号，单位斜坡信号，单位加速度信号，正弦信号，时域分析法，瞬态响应，稳态响应，上升时间，峰值时间，调节时间，超调量，振荡次数，阻尼系数，固有频率，衰减系数，阻尼频率，阻尼角，主导极点，偶极子相消，误差，偏差，稳态误差，稳态偏差，开环传递函数，系统的型次，静态位置误差系数，静态速度误差系数，静态加速度误差系数。
- 内容：时域响应概述，瞬态响应和瞬态性能指标，一阶系统的时域响应性能分析，二阶系统的时域响应性能分析（二阶系统的阶跃响应，欠阻尼二阶系统的阶跃响应性能指标计算，欠阻尼二阶系统性能指标的参数调节，欠阻尼二阶系统极点位置与参数的关系），高阶系统的时域响应性能分析（高阶系统的瞬态响应，额外闭环零、极点对性能的影响，高阶系统的简化），系统的稳态性能分析（稳态误差的基本概念，输入引起的稳态误差，干扰引起的稳态误差，减小稳态误差的途径），MATLAB 在时域响应分析中的应用。

第四部分 线性反馈系统的稳定性（4学时）

- 概念：平衡状态，稳定性，相对稳定性，BIBO 稳定性，劳斯判定表。
- 内容：稳定性的基本概念，线性系统稳定的充分必要条件，劳斯－赫尔维茨稳定性判据，劳斯－赫尔维茨稳定性判据的应用，MATLAB 在稳定性分析中的应用。

第五部分 根轨迹法（6学时）

- 概念：根轨迹，根轨迹图，相角条件，幅值条件，开环极点，开环零点，匹配增益值，渐近线，渐进中心，出射角，入射角，等效开环传递函数，微分型控制器（理想微分控制器、比例微分控制器），积分型控制器（惯性控制器、比例积分控制器、理想积分控制器），综合型控制器（PID 控制器、超前或滞后校正网）。
- 内容：根轨迹的基本概念，根轨迹绘制的基本方法，基于根轨迹的控制系统分析（典型传递函数的根轨迹，基于根轨迹的参数分析与设计，广义根轨迹，控制器对根轨迹的影响，控制器选择的基本考虑），基于根轨迹的控制系统设计，MATLAB 在根轨迹中的应用。

第六部分 状态空间模型（2学时）

- 概念：系统状态，状态向量，状态空间，状态空间模型，系统特征方程，能控标准型，能观标准型，对角线标准型，内部稳定，BIBO 稳定。
- 内容：引言，状态空间模型的基本概念，状态空间模型的建立，状态空间模型与传递函数的变换关系，线性定常系统状态方程的解，状态空间模型的 MATLAB 实现。

第七部分 状态变量反馈系统设计（2学时）

- 概念：状态反馈，能控性，能控性秩判据，能观性，能观性秩判据，全状态反馈控制器，阿克曼公式，状态反馈增益矩阵，状态观测器，状态观测器增益矩阵，分离原理。

- 内容：引言，线性系统的能控性和能观性，线性系统的全状态反馈控制器设计，线性系统的状态观测器设计，带有观测器的全状态反馈控制器，借助 MATLAB 设计状态变量反馈。

第八部分　数字控制系统简介（2 学时）

- 概念：模拟控制系统，模拟信号，数字控制系统，数字信号，采样器，转换器，信号采样，信号保持，零阶保持器，Z 变换，部分分式法，差分方程，脉冲传递函数，系统稳定，稳态响应，瞬态响应，间接设计法，直接设计法，数字 PID 控制。
- 内容：数字控制系统的基本概念，采样与保持，Z 变换，数字控制系统的数学模型，数字控制系统的性能分析，数字控制系统设计，MATLAB 在数字控制系统中的应用。

6.3 "数字信号处理"教学大纲

■ 课程概要

课程编号	30000220	学分	2	学时	32	开课学期	第五学期
课程名称	中文名：数字信号处理 英文名：Digital Signal Processing						
课程简介	本课程是人工智能专业重要的专业选修课程之一，使学生对数字信号处理的基本知识、概念、技术和方法有深刻的理解和认识，培养从数字信号处理的角度看待和解决人工智能领域的实际问题。						
教学要求	要求学生掌握数字信号处理的基本知识、概念、技术和方法，能对使用数字信号处理技术解决问题的思路和方法进行总结，探索规律，进一步提高学生使用数字信号处理技术解决人工智能领域实际问题的能力。						
教学特色	讲透原理、突出重点、提高能力。						
课程类型	☐ 专业基础课程　☐ 专业核心课程 ☑ 专业选修课程　☐ 实践训练课程						
教学方式（单选）	☑ 讲授为主　☐ 实验 / 实践为主　☐ 专题讨论为主 ☐ 案例教学为主　☐ 自学为主　☐ 其他（为主）						
授课语言（单选）	☑ 中文　☐ 中文 + 英文（英文授课比例 %） ☐ 英文　☐ 其他外语（ ）						

（续）

考核方式（单选）	☑ 考试 ☐ 考查 ☐ 考试＋考查 ☐ 其他（ ）
成绩评定标准	平时作业＋出勤（占40%），期末考试（占60%）
教材及主要参考资料	[1] OPPENHEIM A V, SCHAFER R W. 离散时间信号处理［M］. 北京：电子工业出版社，2015. [2] 王文渊. 信号与系统［M］. 北京：清华大学出版社，2008. [3] 江志红. 深入浅出数字信号处理［M］. 北京：北京航空航天大学出版社，2012. [4] SMITH S W. 实用数字信号处理：从原理到应用［M］. 张瑞峰，等译. 北京：人民邮电出版社，2010.
先修课程	数学分析（一）、数学分析（二）、高等代数（一）、高等代数（二）、机器学习导论

大纲提供者：王魏

■ 教学内容（32学时）

第一部分 绪论（2学时）

- 概念：数字信号处理（Digital Signal Processing，DSP），模/数转换器（Analog to Digital Converter，ADC），数/模转换器（Digital to Analog Converter，DAC），信号（signal），序列（sequence），系统（system），滤波器（filter），频率（frequency），时域（time domain），频域（frequency domain），数字信号处理器（digital signal processor），连续时间信号（continuous time signal），离散时间信号（discrete time signal），模拟信号（analog signal），数字信号（digital signal）。
- 内容：介绍信号的概念以及信号的初步分类，说明离散、连续信号之间的关系；简要介绍信号处理、分析的整体流程；简要介绍系统的概念；介绍数字信号处理的发展历程，讨论数字信号处理技术的优缺点。

第二部分 信号的时域分析（3学时）

- 概念：周期（period），基波周期（fundamental period），能量信号（energy signal），功率信号（power signal），因果信号（causal signal），确定信号（deterministic signal），随机信号（stochastic signal），指数信号（exponential signal），复指数信号（complex exponential signal），阻尼正弦振荡（damped sinusoids），冲激信号（impulse signal），单位脉冲信号（unit impulse signal），单位阶跃信号（unit step），正交性（orthogonality）。
- 内容：介绍信号的分类方式，包括信号的周期性、功率特性等；介绍信号的运算，如信号的尺度变换、翻转、时移；介绍典型信号，区分一般信号和奇异信号，并讨论虚指数信号关于频率和时间的周期性，以及奇异信号（如冲激信号）的性质；介绍信号的分解，探究有效表示信号的方式，类比信号的正交分解和机器学习中的主成分分析方法。

第三部分 系统的时域分析（3 学时）

- 概念：可逆系统（invertible system），因果系统（casual system），稳定系统（stable system），输入有界输出有界（Bound Input Bound Output，BIBO），线性系统（linear system），时不变系统（time-invariant system），线性时不变（linear time invariant），卷积（convolution），卷积和（convolution sum），互相关（cross-correlation），自相关（autocorrelation），微分方程（differential equation），差分方程（difference equation），齐次解（homogeneous solution），特解（particular solution），零输入响应（zero-input response），零状态响应（zero-state response），冲激响应（impulse response），单位脉冲响应（unit impulse response），完全响应（total response）。
- 内容：介绍系统的分类和描述，如线性系统和时不变系统；介绍卷积的定义，并讨论卷积运算、卷积和运算的性质；举例说明特殊信号的卷积；介绍卷积的应用，如使用卷积分析系统，卷积和相关，卷积和卷积神经网络的关系；介绍微分和差分方程的构建以及求解方法。

第四部分 傅里叶级数（3 学时）

- 概念：傅里叶级数（Fourier series），狄利赫里条件（Dirichlet condition），帕塞瓦尔定理（Parseval's theorem），吉布斯现象（Gibbs phenomenon），频谱（spectrum），频带宽度（bandwidth），系统函数（system function）。
- 内容：讨论指数、正弦正交基表示一般信号的方法，介绍傅里叶级数的定义及其发展历程；关联傅里叶级数和频域，讨论频域分析方法的优缺点，并从不同角度理解傅里叶级数；介绍傅里叶级数的计算方法，傅里叶级数的性质，举例说明重要周期信号的频域表示；初步介绍系统函数概念与应用，讨论如何将傅里叶级数用于系统分析。

第五部分 傅里叶变换及其应用（4 学时）

- 概念：傅里叶变换（Fourier transform），频谱密度（spectrum density），随机傅里

叶方法（random Fourier），博赫纳定理（Bochner theorem）。

- 内容：探究傅里叶级数如何扩展到一般信号，引入傅里叶变换的概念；介绍典型信号的傅里叶变换，说明傅里叶变换的定义和计算技巧；介绍傅里叶变换的性质，如对称性、尺度变换、频域卷积等；讨论周期信号的傅里叶变换，并关联连续信号的傅里叶变换和傅里叶级数；介绍傅里叶变换思想在AI中的应用，如支持向量机的随机傅里叶特征，频域的数据增广方法等。

第六部分 信号的抽样、调制与解调（4学时）

- 概念：采样（sampling），采样定理（sampling theorem），采样间隔（sampling interval），奈奎斯特率（Nyquist rate），信噪比（Signal-to-Noise Ratio，SNR），相位倒置（phase reversal），欠采样（under-sampling），混叠（aliasing），调制（modulation），解调（detection），幅度调制（amplitude modulation），频分复用（frequency-division multiplex），时分复用（time-division multiplex），码分复用（code-division multiplex），图卷积网络（graph convolutional network）。
- 内容：介绍信号的采样过程，说明信号采样的重要性；说明信号采样时域和频域的联系；介绍时域采样定理、采样定理的历史、应用；讨论欠采样产生的影响，关联生活中常见的欠采样现象；讨论采样在通信中的应用；介绍调制和解调的概念，并讨论基本的调制解调方法，如幅度调制等；介绍常见的信道复用方法，如频分复用、时分复用；从频域的角度理解简化的通信流程；介绍频域分析在机器学习中的应用，如从频域的角度理解图卷积运算以及图卷积网络，从频域的角度分析神经网络等模型的训练过程。

第七部分 离散信号的频域分析（4学时）

- 概念：离散时间傅里叶变换（Discrete Time Fourier Transform，DTFT），离散傅里叶级数（Discrete Fourier Series），离散傅里叶变换（Discrete Fourier Transform，DFT），逆离散傅里叶变换（Inverse Discrete Fourier Transform，IDFT），快速傅里叶变换（Fast Fourier Transform，FFT），分治（divide-and-conquer），按时间抽取方法（Decimation-In-Time，DIT），按频率抽取方法（Decimation-In-Frequency，DIF）。
- 内容：讨论如何将傅里叶变换用于离散信号，介绍序列的傅里叶变换的定义和性质，并举例说明如何将离散时间傅里叶变换用于离散信号的频域分析；介绍傅里叶级数，并讨论离散时间傅里叶变换和离散傅里叶级数的区别，频域的差异，如其周期性、离散性等；介绍离散傅里叶变换，讨论离散傅里叶变换在数字化应用中的优点，相关性质，矩阵化思路等；说明离散傅里叶变换的应用，如加速卷积运算等；介绍离散傅里叶变换的加速版本快速傅里叶变换，从不同角度介绍快速傅里叶变换的思路和流程，快速傅里叶变换的性质等。

第八部分　信号的复频域分析（2学时）

- 概念：拉普拉斯变换（Laplace Transform），单边拉普拉斯变换（single-sided Laplace Transform），双边拉普拉斯变换（two-sided/bilateral Laplace Transform），复频域（complex frequency domain），收敛域（region of convergence），拉普拉斯逆变换（Inverse Laplace Transform），初值定理（initial value theorem）；终值定理（final value theorem）。
- 内容：讨论傅里叶变换的不足，介绍拉普拉斯变换的定义、优缺点、发展历程；举例说明常见信号的（单边）拉普拉斯变换的计算方法；介绍拉普拉斯变换的性质，复频域在系统分析中的优势；介绍信号、系统的复频域特性；介绍拉普拉斯逆变换的定义和计算方法，如部分分式展开法。

第九部分　系统的复频域分析（4学时）

- 概念：Z变换（Z-Transform），单边Z变换（single-sided Z-Transform），双边Z变换（two-sided/bilateral Z-Transform），Z逆变换（Inverse Z-Transform），零点（zero），极点（pole），零、极点图（zero-pole plot/diagram）。
- 内容：将拉普拉斯变换推广至离散信号，介绍Z变换的定义、发展历程；介绍Z变换的性质，说明如何将Z变换用于离散信号的复频域分析；介绍Z逆变换的定义及其应用，举例说明如何将Z变换用于求解差分方程、分析系统。

第十部分　数字滤波器（3学时）

- 概念：数字滤波器（digital filter），有限冲激响应（Finite Impulse Response，FIR），无限冲激响应（Infinite Impulse Response，IIR），低通滤波器（low pass filter），高通滤波器（high pass filter），带通滤波器（band pass filter），带阻滤波器（band stop filter），通频带（pass band）；截止带（stop band），递归型滤波器（recursive filter），非递归型滤波器（nonrecursive filter），过渡时间（risetime），过冲量（overshoot），均衡器（equalizer）。

● 内容：介绍数字滤波器的基础概念，包括数字滤波器的分类和描述、时域和频域的性能参数，对数字滤波器在数字信号处理中的作用进行讨论；介绍有限冲激响应滤波器，包括其特点、系数计算方法、实现结构等；介绍无限冲激响应滤波器，包括其特点、系数计算方法、实现结构等，讨论两类滤波器的优劣。

6.4 “高级机器学习”教学大纲

■ 课程概要

课程编号	30000230	学分	2	学时	32	开课学期	第五学期
课程名称	中文名：高级机器学习 英文名：Advanced Machine Learning						
课程简介	本课程围绕机器学习的内容展开。主要包括降维、学习理论基础、半监督学习、图概率模型等内容。						
教学要求	选修过机器学习、计算机程序设计、数据结构、概率统计等相关课程，认真听讲，按质按量完成课程大作业，诚信对待分数。						
教学特色	本校是国内最早开设“高级机器学习”课程的高校之一；采用的是本校周志华教授撰写的《机器学习》教材。						
课程类型	☐ 专业基础课程 ☐ 专业核心课程 ☑ 专业选修课程 ☐ 实践训练课程						
教学方式（单选）	☑ 讲授为主 ☐ 实验 / 实践为主 ☐ 专题讨论为主 ☐ 案例教学为主 ☐ 自学为主 ☐ 其他（为主）						
授课语言（单选）	☑ 中文 ☐ 中文＋英文（英文授课比例 %） ☐ 英文 ☐ 其他外语（ ）						
考核方式（单选）	☐ 考试 ☐ 考查 ☑ 考试＋考查 ☐ 其他（ ）						
成绩评定标准	闭卷考试（占50%），大作业1（占25%），大作业2（占25%）						
教材及主要参考资料	[1] 周志华. 机器学习 [M]. 北京：清华大学出版社，2016.						
先修课程	机器学习导论、程序设计基础、数据结构与算法分析、概率论与数理统计						

大纲提供者：詹德川

■ 教学内容（32学时）

第一部分 前言（2学时）

● 总体介绍课程内容：简述机器学习基本概念，介绍高级机器学习的目标等基础知识。

第二部分 降维与度量学习（3 学时）

- 降维与度量学习方法基础：k 近邻学习、低维嵌入、主成分分析、核化线性降维、流形学习、度量学习等相关概念。

第三部分 特征选择与稀疏学习（4 学时）

- 特征选择与稀疏学习基础：子集搜索与评价、过滤式选择、包裹式选择、嵌入式选择与 L1 正则化、稀疏表示与字典学习、压缩感知等技术。

第四部分 计算学习理论（4 学时）

- 计算学习理论基本概念和基础知识；基础知识、PAC 学习、有限假设空间、VC 维、Rademacher 复杂度以及稳定性。

第五部分 半监督学习（5 学时）

- 半监督学习基础：未标记样本、生成式方法、半监督 SVM、图半监督学习、基于分歧的方法、半监督聚类等。

第六部分 概率图模型（6 学时）

- 概率图模型基础：隐马尔可夫模型、马尔可夫随机场、条件随机场、学习与推断、近似推断、话题模型等。

第七部分 规则学习（4 学时）

- 规则学习基础：基本概念、序贯覆盖、剪枝优化、一阶规则学习、归纳逻辑程序设计等。

第八部分 强化学习（4 学时）

- 强化学习基础：任务和奖赏、k- 摇臂赌博机、有模型学习、免模型学习、值函数近似、模仿学习等。

大作业安排：

- 大作业 1 的主要内容是撰写一份关于高级机器学习技术应用的调查报告，让学生了解高级机器学习在许多领域中的现实应用价值。
- 大作业 2 的主要内容是针对一份真实应用任务的描述，撰写一份基于机器学习技术的解决方案。解决方案需要突出任务难点解决情况、所选取的技术（包括高级机器学习与机器学习导论等相关知识）的合理情况、论证依据的充分程度等。

6.5 “编译原理”教学大纲

■ 课程概要

<table>
<tr><td>课程编号</td><td>30000230</td><td>学分</td><td>2</td><td>学时</td><td>32</td><td>开课学期</td><td>第五学期</td></tr>
<tr><td rowspan="2">课程名称</td><td colspan="7">中文名：编译原理</td></tr>
<tr><td colspan="7">英文名：Compilers: Principles，Techniques，and Tools</td></tr>
<tr><td>课程简介</td><td colspan="7">本课程是计算机相关专业的重要专业基础课程之一。编译器的作用是将高级语言翻译成语义等价的机器语言，同时也是自然语言处理的基础技术之一。本课程的目标是使学生掌握编译器构造的相关原理、算法和技术，并融会贯通，能够将其中的算法和技术用于解决类似问题。</td></tr>
<tr><td>教学要求</td><td colspan="7">要求学生掌握编译器构造中的基本原理和算法，了解编译器的总体结构，并对词法分析、语法分析、语义分析、代码生成和优化的各个编译步骤的执行方式、涉及的算法和技术有深入的体会和理解。同时，要求学生能够理解课程中的算法原理和思想，提高解决问题的能力。</td></tr>
<tr><td>教学特色</td><td colspan="7">以算法为主线、讲透原理和思想、拓展解决问题的能力。</td></tr>
<tr><td>课程类型</td><td colspan="7">☐ 专业基础课程　☐ 专业核心课程
☑ 专业选修课程　☐ 实践训练课程</td></tr>
<tr><td>教学方式（单选）</td><td colspan="7">☑ 讲授为主　☐ 实验/实践为主　☐ 专题讨论为主
☐ 案例教学为主　☐ 自学为主　☐ 其他（为主）</td></tr>
<tr><td>授课语言（单选）</td><td colspan="7">☑ 中文　☐ 中文+英文（英文授课比例%）
☐ 英文　☐ 其他外语（）</td></tr>
<tr><td>考核方式（单选）</td><td colspan="7">☑ 考试　☐ 考查
☐ 考试+考查　☐ 其他（）</td></tr>
<tr><td>成绩评定标准</td><td colspan="7">期中考试+平时作业+出勤（占50%），期末考试（占50%）</td></tr>
<tr><td>教材及主要参考资料</td><td colspan="7">[1] AHO A V，LAM M S. 编译原理（原书第2版）[M]. 赵建华，郑滔，戴新宇，译. 北京：机械工业出版社，2008.</td></tr>
<tr><td>先修课程</td><td colspan="7">无</td></tr>
</table>

大纲提供者：戴新宇

■ 教学内容（32学时）

第一部分　引论（1学时）

- 主要内容：编译器的运行方式和基本步骤，通过简单的例子介绍高级程序设计语言被翻译成可执行的机器语言的基本步骤。

第二部分 词法分析技术（2学时）

- 主要内容：词法分析器的作用；词法单元的规约和识别方法，正则表达式和有穷自动机，以及从正则表达式到有穷自动机的自动转换技术；词法分析器生成工具Lex的简介。

第三部分 语法分析技术（6学时）

- 主要内容：语法分析器的作用；上下文无关文法概念，文法推导的定义，语法分析树和文法的二义性；文法设计的方法；自顶向下的语法分析技术，包括LL（1）文法的概念、递归下降的语法分析技术、非递归的预测分析技术；自底向上的语法分析技术，包括LR语法分析技术原理、简单LR技术、LR（1）分析技术和LALR文法分析技术；二义性文法的处理方法。

第四部分 语义分析技术（8学时）

- 主要内容：语法制导定义（SDD）的概念和技术，包括语法单元的属性、继承属性和综合属性的分类、S属性定义和L属性定义，SDD的基本求值方法和求值顺序，以及具有受控副作用的语义规则；语法制导翻译（SDT）方案相关技术，包括后缀SDT的语法分析栈实现，产生式内部带有语义动作的SDT，在SDT中消除左递归的技术；L属性定义的SDT设计，以及L属性SDD的实现方法。

第五部分 中间代码生成（6学时）

- 主要内容：中间代码表示方法（抽象语法树、表达式的DAG图表示、三地址代码）；类型和声明的处理；表达式的翻译；控制流代码的处理技术（选择、循环的处理、跳转目标回填技术），Switch语句的处理，过程调用相关的中间代码。

第六部分 运行时刻环境（4学时）

- 主要内容：机器代码运行时的内存组织方式；内存空间的管理方法（栈式分配、堆管理、垃圾回收技术）。

第七部分 机器代码生成及优化（5学时）

- 主要内容：简化后的目标语言以及寻址方式；基本块和流图；基本块的优化技术；其他优化技术，包括窥孔优化、寄存器分配和指派、指令选择、表达式优化代码的生成。

6.6 “分布式与并行计算”教学大纲

■ 课程概要

<table>
<tr><td>课程编号</td><td>30000280</td><td>学分</td><td>2</td><td>学时</td><td>32</td><td>开课学期</td><td>第五学期</td></tr>
<tr><td rowspan="2">课程名称</td><td colspan="7">中文名：分布式与并行计算</td></tr>
<tr><td colspan="7">英文名：Distributed and Parallel Computing</td></tr>
<tr><td>课程简介</td><td colspan="7">本课程是分布式与并行计算的入门基础课程，介绍并行计算在“结构、算法、编程”方面的基本概念、基本原理等基础知识，聚焦于并行算法方面的关键问题解决。学习本课程后，学生可以了解并行计算的基本内容和发展趋势，为今后参与高性能并行计算相关的研究和开发工作奠定基础。</td></tr>
<tr><td>教学要求</td><td colspan="7">（1）全面介绍并行计算涉及的基础性内容，包括：
• 并行计算的硬件基础：并行计算机系统及结构模型。
• 并行计算的核心内容：并行算法设计与并行数值算法。
• 并行计算的软件支持：并行程序的设计原理与方法。
（2）以并行算法设计为课程的核心内容，包括并行数值算法与非数值算法：
• 并行算法的设计基础。
• 并行算法的设计策略。
• 并行算法的设计技术。
• 并行算法的设计过程。</td></tr>
<tr><td>教学特色</td><td colspan="7">（1）以“结构、算法、编程”教学大纲为横线，全面地介绍并行计算的概念与原理。
（2）以具体问题的算法设计讲授为纵线，实现“问题驱动”的教学，达到优化的教学效果。</td></tr>
<tr><td>课程类型</td><td colspan="7">☐ 专业基础课程 ☐ 专业核心课程
☑ 专业选修课程 ☐ 实践训练课程</td></tr>
<tr><td>教学方式
（单选）</td><td colspan="7">☑ 讲授为主 ☐ 实验 / 实践为主 ☐ 专题讨论为主
☐ 案例教学为主 ☐ 自学为主 ☐ 其他（为主）</td></tr>
<tr><td>授课语言
（单选）</td><td colspan="7">☑ 中文 ☐ 中文 + 英文（英文授课比例 %）
☐ 英文 ☐ 其他外语（ ）</td></tr>
<tr><td>考核方式
（单选）</td><td colspan="7">☐ 考试 ☐ 考查
☑ 考试 + 考查 ☐ 其他（ ）</td></tr>
<tr><td>成绩评定标准</td><td colspan="7">课程作业（占 30%），期末考试分数（占 70%）</td></tr>
<tr><td>教材及主要
参考资料</td><td colspan="7">教材：
[1] 陈国良. 并行计算—结构·算法·编程［M］. 3版. 北京：高等教育出版社，2012.
参考资料：
[1] HWANG K, XU Z W. Scalable parallel computing: technology, architecture, programming［M］. McGraw-Hill, 1998.</td></tr>
</table>

（续）

教材及主要参考资料	[2] 黄铠，徐志伟. 可扩展并行计算——技术、结构与编程 [M]. 陆鑫达，等译. 北京：机械工业出版社，2000. [3] HWANG K. Advanced Computer Architecture [M]. McGraw-Hill，1993. [4] GRAMA A，GUPTA A，KARYPIS G, et al. Introduction to parallel computing [M]. 2nd ed. Pearson, 2003. [5] CULLER D E, SINGH J P, GUPTA A. Parallel computer architecture: A hardware/software approach [M]. Morgan Kaufmann，1998.
先修课程	计算机体系结构、操作系统导论、数据结构与算法分析

大纲提供者：谢磊

■ 教学内容（32 学时）

第一部分　并行计算硬件结构基础（6 学时）

- 概念：并行计算与计算科学，当代科学与工程问题的计算需求，系统互连，静态互连网络，动态互连网络，标准互连网络；并行计算机结构模型，并行计算机访存模型，共享存储多处理机系统，分布存储多计算机系统，机群系统；并行机的一些基本性能指标，加速比性能定律，可扩放性评测标准。
- 内容：并行计算机系统及其结构模型；当代并行机系统（SMP、MPP 和 Cluster)；并行计算性能评测。

第二部分　并行算法的设计（10 学时）

- 概念：并行算法的基础知识，并行计算模型，串行算法的直接并行化；从问题描述开始设计并行算法，借用已有算法求解新问题，划分设计技术；分治设计技术，平衡树设计技术，倍增设计技术，流水线设计技术；PCAM 设计方法学，划分，通信，组合，映射。
- 内容：并行算法的设计基础；并行算法的一般设计方法；并行算法的基本设计技术；并行算法的一般设计过程。

第三部分　并行数值算法（8 学时）

- 概念：选路方法与开关技术，单一信包一到一传输、一到多播送、多到多播送；存储转发（store-and-forward）选路，切通（cut through）选路；矩阵的划分，矩阵转置，矩阵 – 向量乘法，矩阵乘法。
- 内容：基本通信操作；稠密矩阵运算；线性方程组的求解；快速傅里叶变换。

第四部分　并行程序设计（4学时）

- 概念：进程，线程，同步，通信，并行程序设计模型。
- 内容：并行程序设计基础；并行程序设计模型和共享存储系统编程；分布存储系统并行编程。

第五部分　专题讲座（4学时）

- 概念：云计算，Map-Reduce。
- 内容：专题报告1——“云计算”中的并行计算；专题报告2——Google Map-Reduce的概念、原理与应用。

6.7 “多智能体系统”教学大纲

■ 课程概要

课程编号	30000270	学分	2	学时	32	开课学期	第六学期
课程名称	中文名：多智能体系统 英文名：Multi-Agent Systems						
课程简介	本课程从智能体的基本组成和原理出发，介绍多智能体系统的相关概念、基本理论、分析和设计方法、典型应用，使学生对多智能体系统有一个全面的了解，并能结合实际应用分析和设计多智能体系统。						
教学要求	要求学生掌握智能体和多智能体的基本概念和基本理论；理解多智能体系统的一些通信、合作、决策、规划和强化学习方法；了解多智能体系统的典型应用，能用多智能体编程语言设计简易的多智能体系统。						
教学特色	通过多智能体系统各分支的学习，加深学生对多智能体系统的理解；通过具体问题的研究分析，加强学生的动手编程能力和解决实际问题的能力；注重多智能体的系统性和交互性，方便学生更加全面地掌握多智能体系统。						
课程类型	☐ 专业基础课程　☐ 专业核心课程 ☑ 专业选修课程　☐ 实践训练课程						
教学方式（单选）	☑ 讲授为主　☐ 实验／实践为主　☐ 专题讨论为主 ☐ 案例教学为主　☐ 自学为主　☐ 其他（为主）						
授课语言（单选）	☑ 中文　☐ 中文＋英文（英文授课比例%） ☐ 英文　☐ 其他外语（ ）						
考核方式（单选）	☑ 考试　☐ 考查 ☐ 考试＋考查　☐ 其他（ ）						

（续）

成绩评定标准	课后练习 + 编程作业 + 出勤（占 50%），期末考试（占 50%）
教材及主要参考资料	[1] WOOLDRIDGE M. An introduction to multi-agent systems [M]. John Wiley & Sons，2009. [2] WOOLDRIDGE M. 多 Agent 系统引论 [M]. 石纯一，张伟，徐晋晖，等译. 北京：电子工业出版社，2003. [3] BORDINI R，HUBNER J，WOOLDRIDGE M. Programming multi-agent systems in agentspeak using Jason [M]. John Wiley & Sons，2007. [4] SHOHAM Y，BROWN K L. Multiagent systems: Algorithmic，game-theoretic，and logical foundations [M]. Cambridge University Press，2009.
先修课程	程序设计基础、数据结构与算法分析、操作系统导论

大纲提供者：章宗长

教学内容（32 学时）

第一部分　多智能体系统引言（2 学时）

- 概念：普适，互联，智能，代理，人性化，智能体，多智能体系统，智能体设计，社会性设计，心智理论，蒙特卡罗树搜索，AlphaGo，完美信息博弈，非完美信息博弈，AlphaStar。
- 内容：多智能体系统的出现，对多智能体系统的认识，多智能体系统的应用（会下棋的多智能体系统、会玩非完美信息博弈的多智能体系统）。

第二部分　智能自治智能体（6 学时）

- 概念：自治性，智能体，反应性，预动性，社会能力，意识系统，体系结构，运行，环境，智能体模型，实现型任务，维护型任务，合成智能体，可靠性，完备性，定理证明器，时序逻辑，慎思过程，目标手段推理，STRIPS 规划器，积木世界，规划问题，信念 / 愿望 / 意图模型，承诺策略，归类式体系结构，水平层次结构，垂直层次结构。
- 内容：智能体（智能体和环境、智能体的属性、作为意识系统的智能体、设计方法、一些应用），智能体的体系结构（智能体的抽象体系结构、告诉智能体要做什么、智能体的实现型体系结构），演绎推理智能体（作为定理证明器的智能体、面向智能体的程序设计、并发 MetateM），实用推理智能体（实用推理 = 慎思过程 + 目标手段推理、目标手段推理、实现一个实用推理智能体、过程推理系统），反应式智能体，混合式智能体。

第三部分 通信与合作（4学时）

- 概念：本体，本体层次，可扩展标记语言，网络本体语言，知识交换格式，言语行为，知识查询与操纵语言，合作分布式问题求解，仁慈的智能体，自利的智能体，一致性，任务共享，结果共享，合同网，协调，AgentSpeak 语言，Jason 解释器。
- 内容：相互理解的智能体（本体论基础、本体描述语言、构建本体），通信（言语行为、通信方式、基于消息的智能体通信语言），合作（合作分布式问题求解、任务共享和结果共享、不一致性、协调），实践：使用 Jason 解释器的多智能体编程（多智能体编程语言概览、Jason 语法简介、Jason 中的通信与交互、Jason 编程实例：家政机器人和合同网协议）。

第四部分 多智能体决策（12学时）

- 概念：效用，偏好，收益矩阵，正则形式的博弈，最优反应，优势策略，纳什均衡，帕累托最优，社会福利，零和博弈，囚徒困境，程序均衡，多数制，策略性投票，康多塞悖论，序列多数选举，多数图，波达计数，斯莱特排序，帕累托条件，康多塞赢家条件，无关选项独立性，独裁性，阿罗定理，可操纵性，合作博弈，核心，夏普利值，诱导子图，边际贡献网，简单博弈，加权投票博弈，网络流博弈，联盟结构，英式拍卖，荷兰拍卖，第一价格秘密出价拍卖，维克里拍卖，串通，出价语言，赢家诅咒，赢家判定，VCG 机制，协商参数，轮流出价协议，协商决策函数，单调让步协议，立场，可采纳的立场，偏好拓展，理性拓展，经典规划，概率规划，动态规划，分布式规划，分布式部分可观察的马尔可夫决策模型，策略树，有限状态机，暴力枚举，联合均衡，误协调，在线协调，通信策略。
- 内容：多智能体交互（效用和偏好、多智能体相遇、解的概念和性质、竞争与零和交互、囚徒困境、其他的对称 2×2 交互、多智能体系统的依赖关系），制定群组决策（社会选择理论、投票过程、投票过程的性质、策略性操纵），形成联盟（合作博弈、模块化表示、简单博弈及其表示、联盟结构的形成），分配稀疏资源（拍卖及其分类、单件商品的拍卖、组合拍卖），协商（概览、对资源分割的协商、对任务分配的协商），辩论（概览、抽象辩论、演绎辩论），分布式规划（研究背景、决策模型、离线算法、在线算法）。

第五部分　多智能体强化学习（8 学时）

- 概念：马尔可夫假设，马尔可夫决策过程，随机性策略，确定性策略，值函数，异策略，同策略，Q 学习，深度 Q 网络，经验回放，策略梯度，行动者 - 评论家，基线，重复式博弈，随机博弈，完全合作，完全竞争，混合型，值迭代，策略迭代，极小极大 Q 学习，纳什 Q 学习，朋友或敌人 Q 学习，合理性，收敛性，独立学习，联合动作学习，梯度上升，策略爬山，赢或快速学习，策略网络，值网络，集中式训练，分布式训练，分布式执行，反事实多智能体策略梯度，值函数分解，多智能体通信，多智能体深度确定性策略梯度。
- 内容：单智能体强化学习（强化学习的基本设定、动态规划、基于值函数的强化学习、基于策略梯度的强化学习、基准测试平台与实际应用、当前热点与未来方向），博弈与多智能体强化学习（概览、随机博弈、动态规划、均衡学习算法、最优反应学习算法）、多智能体深度强化学习（概览、基于策略梯度的合作作习、基于值分解的合作学习、基于通信的合作学习、非完全合作设定下的学习、使用自注意力机制的学习），前沿进展。

CHAPTER7
第7章

专业选修课程教学大纲

7.1 “认知科学导论”教学大纲

■ 课程概要

课程编号	30000350	学分	2	学时	32	开课学期	第四学期
课程名称	中文名：认知科学导论 英文名：Introduction to Cognitive Science						
课程简介	本课程是人工智能专业的专业选修课程之一，旨在拓展专业相关的认知科学领域知识，使学生理解人类智能所涵盖的各种基本认知过程以及人类与人工智能交互的认知特点。						
教学要求	要求学生对人类认知过程的各个方面有清晰理解，掌握各认知过程的重要理论模型和实验研究；将理论知识与应用相联系，将人的认知机制与人工智能的研发相对照。						
教学特色	深入浅出，跨专业知识融通，理论联系应用。						
课程类型	□ 专业基础课程　□ 专业核心课程 ☑ 专业选修课程　□ 实践训练课程						
教学方式（单选）	☑ 讲授为主　□ 实验 / 实践为主　□ 专题讨论为主 □ 案例教学为主　□ 自学为主　□ 其他（为主）						
授课语言（单选）	☑ 中文　□ 中文 + 英文（英文授课比例 %） □ 英文　□ 其他外语（ ）						
考核方式（单选）	☑ 考试　□ 考查 □ 考试 + 考查　□ 其他（ ）						
成绩评定标准	课程报告 + 平时作业 + 出勤（占 40%），期末考试（占 60%）						
教材及主要参考资料	[1] 罗伯特·索尔所，奥托·麦克林，金伯利·麦克林. 认知心理学（原书第 8 版）[M]. 邵志芳，等译. 上海：上海人民出版社，2019. [2] 约翰·安德森. 认知心理学及其启示（原书第 7 版）[M]. 秦裕林，等译. 北京：人民邮电出版社，2012.						
先修课程	无						

大纲提供者：肖承丽

教学内容（32 学时）

第一部分　认知科学导言（2 学时）

- 概念：认知科学、认知心理学、概念科学、认知模型、信息加工模型、理性主义、经验主义、行为主义、图式、认知地图。
- 内容：认知科学包含的学科领域，认知心理学的主要研究内容，认知革命的历史渊源，概念科学与信息加工模型。

第二部分　认知神经科学（2 学时）

- 概念：神经元、髓鞘化、突触、突触修剪、顶叶、额叶、颞叶、枕叶、边缘叶、Brodmann 分区、感觉皮层、运动皮层、布洛卡区、威尔尼克区、脑电图、事件相关电位、正电子发射计算机断层显像、（功能性）磁共振成像、脑磁图、功能性近红外光谱技术、经颅磁刺激、经颅电刺激、胼胝体、裂脑人。
- 内容：什么是认知神经科学，中枢神经系统简介，脑的解剖结构，脑的进化，语言中枢，神经生理学探测技术简介与典型实验研究介绍，大脑偏侧化研究与裂脑人研究。

第三部分　知觉与模式识别（2 学时）

- 概念：感觉、知觉、心理物理学、错觉、先备知识、视觉的 where 和 what 通路、知觉广度、部分报告法、视像记忆、声像记忆、模式识别、视锥细胞、视杆细胞、主观错觉、侧抑制、格式塔理论、典型表象、自下而上与自上而下加工、模板匹配、特征分析、原型匹配、情境效应、几何离子、启动技术、面孔识别的颠倒效应、部分 - 整体效应、合成效应、梭状回面孔区。
- 内容：五种感觉器官的工作原理，错觉及其与知觉研究的关系，视觉的双通路分离，视觉和听觉感觉存储的实验发现，视觉模式识别的神经基础，视觉模式识别的各种理论解释及其支持实验证据，面孔识别的特点及其支持实验证据。

第四部分　注意（2 学时）

- 概念：注意、集中注意、分散注意、主动注意、被动注意、双耳分听任务、过滤器模型、衰减器模型、鸡尾酒会现象、追随实验、后期选择理论、弹出效应、视野忽视、视觉追踪、外生性视觉线索、内生性视觉线索、自然映射、双任务作业、注意瞬脱、自动化、斯特鲁普效应、西蒙效应。

- 内容：注意的类型，听觉注意的各种理论解释及其支持实验证据，视觉注意的理论解释及其支持实验证据，中枢注意的理论解释及其支持实验证据。

第五部分 记忆过程（2学时）

- 概念：短时记忆、Brown-Peterson技术、海马、工作记忆、组块、去前摄抑制、长时记忆、反响回路、建构式记忆、压抑性记忆。
- 内容：短时记忆的容量、编码、信息提取及其支持实验证据，长时记忆的存储与结构及其支持实验证据，超长时程记忆、自传体记忆、记忆的不可靠性与目击者辨认。

第六部分 记忆模型（2学时）

- 概念：艾宾浩斯遗忘曲线、无意义音节、陈述性记忆、程序性记忆、长时程增强、电休克、逆行性遗忘、系列位置曲线、首因效应、近因效应、初级记忆、次级记忆、探测数字实验、加工水平理论、自我关联效应、自我图式、情节记忆、语义记忆、记忆的联结主义模型、约斯特定律、外显记忆、内隐记忆、日常记忆、普鲁斯特现象、闪光灯记忆。
- 内容：早期的记忆研究，记忆的认知神经科学，两种记忆存储，各种记忆模型及其支持实验证据。

第七部分 记忆术（2学时）

- 概念：定位记忆法、挂钩词记忆法、关键词记忆法、组织化图式、人名记忆、字词记忆、联觉、遗觉像、专家化、记忆的编码特定性与情境效应、状态依赖性学习、间隔效应、线索过载、测验效应。
- 内容：各种记忆术方法，各种超常记忆的实验研究，专家和专家化与记忆的关系。

第八部分 知识表征（2学时）

- 概念：语义组织、联想主义、聚类模型、集合－理论模型、语义特征－比较模型、层级网络模型、激活扩散模型、命题网络、人类联想记忆模型、思维的适应性控制模型、图式、记忆巩固、知觉－功能理论、扎根认知。
- 内容：知识表征的早期研究，语义记忆的各认知模型及其支持实验证据，记忆的结构分类。

第九部分　心理表象（2学时）

- 概念：表象、双重编码假说、概念命题假说、功能等价假说、二阶同构、心理旋转、心理扫描、认知地图、空间认知、心理地图、联觉。
- 内容：心理表象的研究历程，心理表象的各理论模型及其支持实验证据，认知地图的相关研究简介，联觉的实验研究与应用。

第十部分　语言学和心理语言学（2学时）

- 概念：语言学层级、音位/音素、词素/语素、句法、语篇、声波纹、语言的生成性、语言的规则性、表层结构、深层结构、转换规则、语言相对性假说（沃夫假说）、焦点色、关键期。
- 内容：人类语言与动物交流信号的区别，语言学简介，乔姆斯基的语法理论，心理语言学，语言习得的先天后天之争，语言和思维的关系，语言的模块性，母语的获得规律，语言获得的关键期。

第十一部分　语言理解与阅读（2学时）

- 概念：图式、肥皂剧效应、命题、复原搜索、桥接推断、回指推断、视锐度、中央凹视觉、眼跳、注视、回视、扫视、视觉模糊、误导实验、词汇决策任务、上下文效应、情境模型。
- 内容：语言学观点的抽象，知识与理解，语言理解的模型，阅读中的视觉特征，眼动仪的工作原理与实验介绍，阅读理解的认知过程模型。

第十二部分　思维：概念形成与逻辑（2学时）

- 概念：思维、概念形成、联想主义、假设检验、扫描、聚焦、逻辑、归纳、演绎、条件推理、沃森选择任务、匹配偏向、许可图式、欺骗觉察算法、逻辑量词、三段论、氛围假说、威斯康星卡片分类任务。
- 内容：概念形成的理论与相关研究，逻辑的各种形式及其认知与神经研究，条件推理的认知特点，三段论推理的认知特点。

第十三部分　思维：决策、问题解决与创造力（2学时）

- 概念：启发式、足够满意、逐步消除、代表性/典型性启发式、可得性启发式、锚定–调整启发式、决策框架、心理账户、偏差、相关错觉、过度自信、后见偏差、谬误、赌徒谬误、热手效应、合取谬误、沉没成本谬误、物化谬误、贝叶斯定理、结构良好的问题、结构不良好的问题、问题空间、手段－目的分析、爬山法、回溯规避、顿悟、暖和感、功能固着、定势效应、表征改变理论、迁移、创造力、创造的4阶段、远程联想测验、智力三元论、类比、智力的“效率模型”。

- 内容：决策的各种形式及其相关研究，问题解决的相关研究，创造力的相关研究，智力的相关研究。

第十四部分 认知的毕生发展（3学时）

- 概念：先天－后天之争、顺应、同化、客体永存、中心化、守恒、最近发展区、脚手架、视崖、自我觉知、功能确认、初级衰老、次级衰老、阿尔茨海默病。
- 内容：皮亚杰的认知发展理论，维果斯基的认知发展观点，从胎儿到儿童的神经与认知发展，双胞胎研究，衰老的生理和认知变化。

第十五部分 人－人工智能交互中的心理学（3学时）

- 概念：社交机器人、社交距离、注视行为、陌生情境测验、依恋类型、恐怖谷、第二自我、媒体等同、刻板社会分类、互惠原则、内群体偏见、实验者偏差、服从权威、道德决策、拟人化、心智二元论、共情、物理具身、机器人虐待、算法反感。
- 内容：当前社交机器人的应用领域，当前机器人研究的关注方向，从制造机器人中学习人，人对人工智能的观点感受与行为。

7.2 “矩阵计算”教学大纲

■ 课程概要

课程编号	30000430	学分	2	学时	32	开课学期	第六学期
课程名称	中文名：矩阵计算						
	英文名：Matrix Computation						
课程简介	本课程围绕矩阵计算的基本理论方法、其与机器学习的结合分析、目标结果的求解思路。内容包括代数与矩阵的基本概念、特殊矩阵、矩阵的特征分析、奇异值分析、子空间分析、广义逆与矩阵方程求解、核方法、图机器学习、稀疏学习、大规模矩阵优化等。						
教学要求	要求学生具有一定的高等代数（线性代数）的基础知识，认真听讲，按质按量完成课程作业，诚信对待分数。						

（续）

教学特色	以理论为基石，注重理论与应用相结合，提高思考与分析能力。		
课程类型	□ 专业基础课程 ☑ 专业选修课程	□ 专业核心课程 □ 实践训练课程	
教学方式（单选）	☑ 讲授为主 □ 案例教学为主	□ 实验 / 实践为主 □ 自学为主	□ 专题讨论为主 □ 其他（为主）
授课语言（单选）	☑ 中文 □ 英文	□ 中文 + 英文（英文授课比例 %） □ 其他外语（ ）	
考核方式（单选）	□ 考试 ☑ 考试 + 考查	□ 考查 □ 其他（ ）	
成绩评定标准	平时成绩（占 40%），期末考试（占 60%）		
教材及主要参考资料	[1] 张贤达，周杰. 矩阵论及其工程应用［M］. 北京：清华大学出版社，2015. [2] AGGARWAL C C. Linear algebra and optimization for machine learning［M］. Springer，2020. [3] 方保熔，等. 矩阵论［M］. 北京：清华大学出版社，2004. [4] LAY D C. Linear algebra and its applications［M］. 4th ed. Addison Wesley，2012.		
先修课程	高等代数		

大纲提供者：李宇峰

教学内容（32 学时）

第一部分　线性代数基础（6 学时）

- 概念：向量（vector）、矩阵（matrix）、线性空间（linear space）、线性子空间（linear subspace）、线性变换 / 算子（linear transformation/operator）、零空间（null space）、像空间（range space）、线性相关（linear dependence）、线性无关（linear independence）、空间的维数（dimension）、基底（basis）、线性方程组（linear equations）、转置（transpose）、共轭转置（conjugate transpose）、对称矩阵（symmetric matrix）、逆矩阵（inverse matrix）、矩阵的行列式（determinant）、奇异矩阵（singular matrix）、矩阵的二次型（quadratic form）、正定（positive definite）矩阵、半正定（Positive Semi-Definite，PSD）矩阵、特征值（eigenvalue）、特征向量（eigenvector）、矩阵的迹（trace）、矩阵的秩（rank）、内积（inner product）、范数（norm）、正交（orthogonal）。
- 内容：向量与矩阵的定义，线性空间与线性子空间的定义，零空间与像空间的定义，线性相关与线性无关的概念，矩阵与线性方程组的关系，矩阵的基本运算（转置、共轭转置、乘法、求逆），矩阵的行列式的定义与性质，矩阵的二次型的定义与用途，正定矩阵与半正定矩阵的定义，矩阵的特征值与特征向量的定义与性质，矩阵的迹的定义与性质，矩阵的秩的定义与性质，向量的内积的定义与用途，常用的向量范数，正交的概念，常用的矩阵范数。矩阵和向量的应用（聚类与分类的概念、距离测度的定义、欧氏距离与马氏距离、稀疏表示的概念与用途）。

第二部分　特殊矩阵（4学时）

- 概念：埃尔米特矩阵（又称复共轭对称矩阵）、交换矩阵（interchange matrix）、置换矩阵（permutation matrix）、广义置换矩阵（generalized permutation matrix）、选择矩阵（selective matrix）、正交矩阵（orthogonal matrix）、酉矩阵（unitary matrix）(又称复正交矩阵)、上/下三角矩阵（upper/lower triangular matrix）。
- 内容：埃尔米特矩阵的定义与性质，交换矩阵、置换矩阵、广义置换矩阵、选择矩阵的定义，广义置换矩阵的应用，正交矩阵的定义与性质，酉矩阵的定义与性质，上/下三角矩阵的定义与性质。

第三部分　相似矩阵与特征分析（8学时）

- 概念：特征分析（eigen-analysis）、特征值（eigenvalue）、特征向量（eigenvector）、特征值分解（eigenvalue decomposition）、相似矩阵（similar matrix）、矩阵的对角化（diagonalization）、广义特征值（generalized eigenvalue）、广义特征向量（generalized eigenvector）、主成分分析（Principal Component Analysis，PCA）、特征脸（eigenface）、线性判别分析（linear discriminant analysis）、支持向量机（Support Vector Machine，SVM）、核矩阵（kernel matrix）、谱聚类（spectral clustering）、图机器学习（graph-based machine learning）。
- 内容：特征值与特征向量的性质，特征值分解的计算，相似矩阵的定义与性质，矩阵的可对角化条件，主成分分析的含义、几何解释、原理和计算过程，广义特征值问题的定义与性质，特征分析的应用（主成分分析、特征脸、线性判别分析），结合人工智能机器学习中核方法、谱聚类、图机器学习加以分析利用。

第四部分　奇异值分析（6学时）

- 概念：奇异值（singular value）、奇异值分解（Singular Value Decomposition，SVD）、矩阵的低秩逼近（low rank approximation），大规模机器学习矩阵优化（large scale matrix optimization in machine learning）。

- 内容：奇异值与奇异值分解（SVD）的含义，SVD 的几何解释与性质，奇异值与范数、行列式、特征值的关系，利用 SVD 进行矩阵的低秩逼近，SVD 的应用（降维、特征预处理与白化、离群检测、特征工程等），结合人工智能机器学习中大规模机器学习矩阵优化加以分析利用。

第五部分　子空间分析（4 学时）

- 概念：子空间（subspace）、张成集 / 空间（spanning set/subspace）、和空间（sum space）、直接和空间（direct sum space）、交空间（intersection）、正交子空间（orthogonal subspace）、正交补空间（orthogonal complement space）、正交分解（orthogonal decomposition）、稀疏学习（Sparse learning）。
- 内容：子空间的定义，张成子空间的定义，张成集定理，子空间向量的唯一表示定理，和空间、直接和空间、交空间的定义与性质，正交子空间、正交补空间、正交分解的定义，基于 SVD 的子空间的旋转（正交强迫一致问题），结合人工智能机器学习中稀疏学习加以分析利用。

第六部分　投影分析（4 学时）

- 概念：投影变换 / 算子（projection transformation/operator）、投影矩阵（projection matrix）、正交投影（orthogonal projection），广义逆矩阵（generalized inverse matrix）、左 / 右伪逆矩阵（left/right pseudo inverse matrix）、M-P 广义逆（Moore-Penrose generalized inverse）、表示学习（representation learning）。
- 内容：投影变换的含义和性质，正交投影变换的含义与性质，SVD 分解构造空间的投影，广义逆矩阵的定义，左 / 右伪逆矩阵的定义，M-P 广义逆的定义与性质，M-P 广义逆与线性方程组解的关系（与相容线性方程组的极小范数解、与矛盾方程组的最小二乘解），结合人工智能机器学习中表示学习加以分析利用。

7.3 “随机过程”教学大纲

■ 课程概要

课程编号	30000320	学分	2	学时	32	开课学期	第六学期
课程名称	中文名：随机过程						
	英文名：Stochastic Processes						

（续）

课程简介	本课程是面向人工智能学院高年级本科生开设的专业主干课程，是人工智能专业方向的选修课程。随机过程，即一组随机变量，在人工智能领域的各个方向（如机器学习、自然语言处理、模式识别、演化计算等）均有应用，例如马尔可夫决策过程、隐马尔可夫模型、高斯过程、马尔可夫链等均为随机过程。该课程旨在让学生掌握随机过程的基本概念、基本理论和基本方法，并初步具备运用随机过程知识进行理论分析和解决实际问题的能力。
教学要求	要求学生掌握经典随机过程（泊松过程、更新过程、马尔可夫链、鞅）的基本概念、基本理论和基本方法，并初步具备运用这些知识对人工智能领域具体的随机过程进行分析的能力。
教学特色	本课程属于理论课程，对学生的数学能力要求较高，同时对学生的逻辑思维能力提出了较大的挑战。由于随机过程在人工智能领域具有较强的应用背景，教学过程中可结合学生已学过的人工智能专业课程中涉及的具体随机过程，从而使学生加快对本课程的基本概念、基本理论和基本方法的理解，并提升学生对该课程的兴趣。建议采用板书与多媒体结合的教学手段。
课程类型	☐ 专业基础课程　☐ 专业核心课程 ☑ 专业选修课程　☐ 实践训练课程
教学方式（单选）	☑ 讲授为主　☐ 实验 / 实践为主　☐ 专题讨论为主 ☐ 案例教学为主　☐ 自学为主　☐ 其他（为主）
授课语言（单选）	☑ 中文　☐ 中文 + 英文（英文授课比例 %） ☐ 英文　☐ 其他外语（ ）
考核方式（单选）	☑ 考试　☐ 考查 ☐ 考试 + 考查　☐ 其他（ ）
成绩评定标准	期末考试（占 40%），4 次作业（每次占 15%，共占 60%）。 作业成绩按照提交作业的及时性、理论分析的正确性、提交报告的写作质量评定。
教材及主要参考资料	[1] ROSS S M. Stochastic processes [M]. 2nd ed. Wiley，1995. [2] BRZEZNIAK Z, ZASTAWNIAK T. Basic stochastic processes [M]. Springer，1998. [3] PINSKY M A, KARLIN S. An introduction to stochastic modeling [M]. 4th ed. Academic Press，2010. [4] DURRETT R. Essentials of stochastic processes [M]. 2nd ed. Springer，2012. [5] CINLAR E. Introduction to stochastic processes [M]. Dover Publications，2013.
先修课程	数学分析、概率论与数理统计

大纲提供者：钱超

教学内容（32 学时）

第一部分　随机过程（4 学时）

- 概念：随机过程（stochastic process），随机变量（random variable），独立增量

（independent increments），平稳增量（stationary increments），马尔可夫决策过程（Markov decision process），隐马尔可夫模型（hidden Markov model），高斯过程（Gaussian process），期望（expectation），泊松分布（Poisson distribution），二项分布（binomial distribution），指数分布（exponential distribution），失效率函数（failure rate function），马尔可夫不等式（Markov inequality），切诺夫界（Chernoff bound），琴生不等式（Jensen's inequality），强大数定律（strong law of large numbers），中心极限定理（central limit theorem）。

- 内容：介绍随机过程的基本概念，列举简单的随机过程，介绍随机过程的基本性质；介绍人工智能领域涉及的一系列随机过程；介绍相关背景知识，包括期望的概念及常用计算方式、常用分布及它们之间的近似关系、失效率函数、常用概率不等式、极限定理等。

第二部分　泊松过程（4 学时）

- 概念：计数过程（counting process），泊松过程（Poisson process），非齐次泊松过程（nonhomogeneous Poisson process），复合泊松过程（compound Poisson process），复合泊松随机变量（compound Poisson random variable），条件泊松过程（conditional Poisson process）。
- 内容：介绍泊松过程的三个等价定义及一系列性质，并给出应用这些性质的案例；介绍非齐次泊松过程的三个等价定义，列举具体的非齐次泊松过程，并分析泊松过程和非齐次泊松过程之间的关系；介绍复合泊松过程的定义，列举具体的复合泊松过程，并介绍复合泊松过程的一系列性质；介绍条件泊松过程的定义及相关性质。

第三部分　更新过程（6 学时）

- 概念：更新过程（renewal process），更新函数（renewal function），基本更新定理（elementary renewal theorem），停时（stopping time），沃尔德等式（Wald's equation），关键更新定理（key renewal theorem），格（lattice），布莱克韦尔定理（Blackwell's theorem），直接黎曼可积（directly Riemann integrable），交替更新过程（alternating renewal process），交替更新定理（alternating renewal theorem），延迟更新过程（delayed renewal process），更新奖励过程（renewal reward process），更新奖励定理（renewal reward theorem），对称随机游走（symmetric random walk）。

- 内容：介绍更新过程的定义及基本性质，并给出应用这些性质的案例；介绍基本更新定理及其证明过程，并给出应用案例；介绍关键更新定理及其证明过程，并给出应用案例；介绍交替更新过程的定义、交替更新定理及其证明过程，并给出应用案例；介绍延迟更新过程的定义及一系列相关性质，并给出应用案例；介绍更新奖励过程的定义、更新奖励定理及其证明过程，并给出应用案例；介绍对称随机游走的定义及相关性质。

第四部分 马尔可夫链（10学时）

- 概念：马尔可夫链（Markov chain），转移概率（transition probability），查普曼 – 科尔莫戈罗夫等式（Chapman-Kolmogorov equation），可达（accessible），互达（communicate），类（class），不可约（irreducible），周期（period），非周期的（aperiodic），常返的（recurrent），滑过的（transient），正常返的（positive recurrent），零常返的（null recurrent），赌徒破产问题（gambler's ruin problem），平稳分布（stationary distribution），分支过程（branching process），平稳马尔可夫链（stationary Markov chain），逆向链（reversed chain），时间可逆的马尔可夫链（time-reversible Markov chain），蒙特卡罗方法（Monte Carlo method），马尔可夫链蒙特卡罗（Markov Chain Monte Carlo，MCMC），梅特罗波利斯采样（Metropolis sampling），吉布斯采样（Gibbs sampling），半马尔可夫过程（semi-Markov process）。
- 内容：介绍马尔可夫链的定义，列举简单的马尔可夫链；介绍用于计算状态转移概率的查普曼 – 科尔莫戈罗夫等式；介绍状态的分类及相应性质；介绍关于状态类之间转移概率的性质及其在赌徒破产问题中的应用；介绍平稳分布的定义及其存在性定理；介绍一条特殊的马尔可夫链，即分支过程；介绍时间可逆的马尔可夫链的定义及其充要条件；介绍MCMC方法的原理及它的两个代表，即梅特罗波利斯采样和吉布斯采样；介绍半马尔可夫过程的定义及相关性质。

第五部分 鞅（8学时）

- 概念：鞅（martingale），随机时刻（random time），停时（stopping time），停止过程（stopped process），鞅停止定理（martingale stopping theorem），吾妻不等式（Azuma's inequality），下鞅（submartingale），上鞅（supermartingale），鞅收敛定理（martingale convergence theorem），下鞅柯尔莫哥洛夫不等式（Kolmogorov's inequality for submartingale)。

- 内容：介绍鞅的定义，列举简单的鞅；介绍鞅停止定理及其证明过程，并给出应用案例；介绍吾妻不等式及其证明过程，并给出应用案例；介绍下鞅和上鞅的定义，鞅收敛定理及其证明过程，并给出应用案例。

7.4 “组合数学”教学大纲

■ 课程概要

课程编号	22010240	学分	2	学时	32	开课学期	第六学期
课程名称	中文名：组合数学 英文名：Combinatorics						
课程简介	本课程是计算机专业与理论相关的重要选修课程之一，使学生对组合数学的基本概念和性质、基本原理和技巧、基本理论和方法有深刻的理解和认识，不断提高分析问题和解决问题的能力。						
教学要求	要求学生掌握组合数学的几种重要的解题原理和技巧；对算两次原理、变分法原理、鸽笼原理、拉姆塞理论、概率法和常见的去随机手段有初步认识；把握使用各种技巧解题时的大局观，进一步提高学生的数学修养、科学思维、逻辑推理能力。						
教学特色	讲透原理、重在理解、突出重点、结合应用、提高能力。						
课程类型	☐ 专业基础课程　☐ 专业核心课程 ☑ 专业选修课程　☐ 实践训练课程						
教学方式（单选）	☑ 讲授为主　☐ 实验 / 实践为主　☐ 专题讨论为主 ☐ 案例教学为主　☐ 自学为主　☐ 其他（为主）						
授课语言（单选）	☑ 中文　☐ 中文 + 英文（英文授课比例 %） ☐ 英文　☐ 其他外语（ ）						
考核方式（单选）	☑ 考试　☐ 考查 ☐ 考试 + 考查　☐ 其他（ ）						
成绩评定标准	平时作业 + 出勤（占 40%），期末考试（占 60%）						
教材及主要参考资料	[1] JUKNA S. Extremal combinatorics: With applications in computer science [M]. 2nd ed. Springer, 2011. [2] ALON N, SPENCER J H. The probabilistic method [M]. 4th ed. Wiley, 2016. [3] GALE D. Tracking the automatic ANT: And other mathematical explorations [M]. Springer, 1998.						
先修课程	无						

大纲提供者：林冰凯

■ 教学内容（32学时）

第一部分 算两次原理（2学时）

- 概念：图（graph），度数（degree），二分图（bipartite graph），集合（set），集族（set family）。
- 内容：算两次原理（double counting principle），欧拉引理（顶点度数和等于2倍边数）及其推广，不含 $K_{a,a}$ 的图的边数上界。

第二部分 变分法原理（4学时）

- 概念：最大公因数（greatest common divisor），图染色（graph coloring），离散热流（discrete heat-flow），图匹配（matching），链（chain），反链（antichain）。
- 内容：离散的变分法原理（variational method），两个数 n, m 的最大公因数 d 可表示成 d=an+bm，图匹配的霍尔定理（Hall theorem），西尔韦斯特－加莱定理（Sylvester-Gallai theorem）。

第三部分 鸽笼原理（8学时）

- 概念：递增子序列（increasing subsequence），比较排序（comparison sort），正则语言（regular language），有限自动机（finite automata），拉姆塞数（Ramsey number）。
- 内容：鸽笼原理（Pigeonhole principle），Erdős-Szekeres 定理，Dirichlet 定理，比较排序的下界，12球问题，困难函数的存在性（香农的证明），Mantel 定理，Turán 定理，自动机泵引理（pumping lemma），拉姆塞定理（Ramsey theorem）及其不同版本，Schur 定理，拉姆塞数的上下界。

第四部分 概率法原理（8学时）

- 概念：离散概率空间（discrete probability space），事件（event），独立（independent），并集上界（Union bound），随机变量（Random variable），期望（expectation），哈密顿路径（Hamilton path），随机图（random graph），全集（universal set）。
- 内容：使用概率法证明存在性，拉姆塞数下界，全集存在性证明，竞赛图的哈密顿路径存在性，马尔可夫不等式（Markov inequality），切尔诺夫界（Chernoff inequality），车比雪夫不等式（Chebyshev inequality），不含 $K_{a,a}$ 的图的边数上界，随机图包含特定子图的临界现象，Lovász 局部引理（Lovász local lemma）。

第五部分　去随机化（6 学时）

- 概念：条件期望（conditional expectation），扩张图（expander graphs），随机游走（random walk），邻接矩阵（adjacency matrix），特征向量（eigenvector），特征值（eigenvalue），准随机图（quasirandom graphs），Paley 图，有限域（finite field）。
- 内容：基于条件期望的去随机算法，Palye 图的构造，基于扩张图的降低随机比特方法，扩张图的特征值性质及其上面的随机游走，Paley 图的性质，准随机图的等价性。

第六部分　高级课题（4 学时）

- 概念：树分解（tree-decomposition）。
- 内容：图的树分解及其性质，树分解上的动态规划算法，Courcelle 定理。

7.5 "神经科学导论"教学大纲

■ 课程概要

课程编号	30000360	学分	2	学时	32	开课学期	第七学期
课程名称	中文名：神经科学导论 英文名：Introduction to Neuroscience						
课程简介	神经科学导论主要介绍哺乳动物的神经系统及人类大脑的结构和功能，涉及的主题包括神经细胞的功能、感觉系统、运动控制、学习和记忆以及脑疾病。通过本课程的学习，使学生更加了解脑及意识产生的物理基础和基本理论，为从事人工智能相关的前沿研究奠定必要的基础。						
教学要求	通过本课程的学习，要求学生掌握神经细胞的结构、神经信号的传导、细胞之间信息的转换以及药物对神经过程的影响；了解神经细胞如何发育成为脑部和脊髓；知晓感觉系统包括听觉、视觉、嗅觉和触觉的机制，物理能量是如何转换成神经信号的；初步了解影响大脑疾病的化学物质，以及神经系统如何实现学习和记忆的机制。						
教学特色	针对人工智能相关专业，本课程将在介绍神经科学的基础之上，增加对生物体智能的介绍，通过对比生物智能和人工智能，让学生从中得到启发。						
课程类型	☐ 专业基础课程　☐ 专业核心课程 ☑ 专业选修课程　☐ 实践训练课程						
教学方式（单选）	☑ 讲授为主　☐ 实验 / 实践为主　☐ 专题讨论为主 ☐ 案例教学为主　☐ 自学为主　☐ 其他（为主）						
授课语言（单选）	☐ 中文　☑ 中文 + 英文（英文授课比例 15%） ☐ 英文　☐ 其他外语（ ）						

（续）

考核方式（单选）	☐ 考试　☐ 考查 ☐ 考试＋考查　☑ 其他（论文）
成绩评定标准	出勤（占 20%）；期末考试（占 80%）
教材及主要参考资料	[1] 寿天德. 神经生物学［M］. 3 版. 北京：高等教育出版社，2013. [2] PURVES D, et al. Neuroscience［M］. 5th ed. Oxford University Press, 2011.
先修课程	无

大纲提供者：张骑鹏、李靓

■ 教学内容（32 学时）

第一部分　导论（2 学时）

- 概念：介绍人工智能专业与神经科学专业的关系。
- 内容：讲述神经科学对人工智能的启发，人工智能对神经科学的促进。

第二部分　神经科学基础知识（6 学时）

- 概念：平衡电位，动作电位，电压钳，电流钳，膜片钳，能斯特方程，离子通道，离子转运体，主动运输，被动运输，神经递质等。
- 内容：神经细胞的电信号，电压依赖性膜通透性，离子通道和转运体，突触传递，神经递质及其受体，神经元内的分子信号，突触可塑性。

第三部分　神经系统发育基础知识（6 学时）

- 概念：动物极，植物极，外胚层，神经系统，内细胞团，组织者，冗余性，轴突导向，生长锥，粘连分子，发育关键期，突触修剪，眼优势柱，本能行为等。
- 内容：神经诱导，突触形成，突触精炼，行为发生。

第四部分　神经科学专业知识（16 学时）

- 概念：非联合型学习，联合型学习，条件反射，记忆的定义，短期记忆，长期记忆，工作记忆，陈述性记忆，非陈述性记忆等。
- 内容：学习和记忆，自我意识的神经生物学探讨，神经系统的感觉功能（视嗅听触味），疼痛的神经机制，运动的中枢控制，情绪的脑机制。

第五部分　课程答疑（2 学时）

- 概念：梳理课程知识点概念。
- 内容：全部课程内容。

7.6 “人工智能伦理”教学大纲

■ 课程概要

<table>
<tr><td>课程编号</td><td>30000390</td><td>学分</td><td>2</td><td>学时</td><td>32</td><td>开课学期</td><td>第八学期</td></tr>
<tr><td rowspan="2">课程名称</td><td colspan="7">中文名：人工智能伦理</td></tr>
<tr><td colspan="7">英文名：Ethics in Artificial Intelligence</td></tr>
<tr><td>课程简介</td><td colspan="7">人工智能已经应用到我们生活的许多角落。本课程将提高人们对人工智能系统的社会影响的认识，重视与人工智能使用相关的道德问题，如透明度、问责制、公平性和偏见。此外，还将介绍缓解此类道德问题的可能解决方案，如软法规（道德规范）、硬法规（法律）和技术方法（可解释人工智能、隐私保护人工智能）。</td></tr>
<tr><td>教学要求</td><td colspan="7">本课程结束后，学生需要了解人工智能的社会影响、开发和使用人工智能系统的道德约束、人工智能的道德规范，以及有益人工智能的技术方法。</td></tr>
<tr><td>教学特色</td><td colspan="7">这门课程是多学科的，涵盖从哲学、社会科学到人工智能的主题。由于本课程的受众主要是人工智能专业的学生，我们将介绍一些有益人工智能的技术方法。</td></tr>
<tr><td>课程类型</td><td colspan="7">☐ 专业基础课程　☐ 专业核心课程
☑ 专业选修课程　☐ 实践训练课程</td></tr>
<tr><td>教学方式
（单选）</td><td colspan="7">☑ 讲授为主　☐ 实验 / 实践为主　☐ 专题讨论为主
☐ 案例教学为主　☐ 自学为主　☐ 其他（为主）</td></tr>
<tr><td>授课语言
（单选）</td><td colspan="7">☐ 中文　☐ 中文 + 英文（英文授课比例 %）
☑ 英文　☐ 其他外语（ ）</td></tr>
<tr><td>考核方式
（单选）</td><td colspan="7">☐ 考试　☐ 考查
☐ 考试 + 考查　☑ 其他（ ）</td></tr>
<tr><td>成绩评定标准</td><td colspan="7">期中考试（占 40%），论文（占 60%）</td></tr>
<tr><td>教材及主要参考资料</td><td colspan="7">[1] BIRD E，SKELLY J F，JENNER N，et al. The ethics of artificial intelligence: Issues and initiatives [R]. European Parliamentary Research Service，2020.
[2] BODDINGTON P. Towards a code of ethics for artificial intelligence [M]. Springer，2017.
[3] SANDEL M J. Justice: What's the right thing to do? [M]. Farrar, Straus and Giroux, 2010.
[4] KOENE A，CLIFTON C，HATADA Y，et al. A government framework for algorithmic accountability and transparency [R]. European Parliamentary Research Service, 2019.
[5] HOLVAST J. History of privacy [M] //LEEUW K D, BERGSTRA J. The history of information security: A comprehensive handbook. Elsevier Science BV, 2007: 737-769.
[6] LEBEN D. Ethics for robots: How to design a moral algorithm [M]. Routledge，2018.</td></tr>
<tr><td>先修课程</td><td colspan="7">数据挖掘、机器学习导论等核心课程为理解可解释人工智能、隐私保护人工智能等提供了良好的准备</td></tr>
</table>

大纲提供者：阮锦绣

■ 教学内容（32学时）

第一部分 人工智能及其社会影响（4学时）

- 内容：将向学生介绍从社会角度看待人工智能的概念、人工智能的发展及其兴盛周期、人工智能的寒冬，以及人工智能的特点（增强人类的决策能力、黑盒性质、人工智能应用的双重性质）；然后，我们将研究人工智能对不同领域的影响，如对社会的影响（劳动力市场、不平等、隐私、偏见）、对人类心理的影响、对法律体系的影响（刑法、侵权法）、对环境和地球的影响。

第二部分 关于道德，我们需要了解什么？（2学时）

- 内容：将介绍伦理的定义、伦理哲学的要素（道德代理人和患者、伦理问题和领域）；然后我们将研究人工智能的引入如何改变伦理的不同方面。此外，由于许多人工智能应用具有广泛的跨文化影响，因此有必要了解文化相对主义的概念及其在制定人工智能道德规范时的含义。

第三部分 伦理理论（4学时）

- 内容：伦理理论提供了一种系统和科学的方法来认识伦理价值观，以及如何区分正确的行为和错误的行为。本部分将向学生介绍三种伦理理论——结果论（consequentialism）、义务论（deontology）和美德伦理学（virtue ethics）。这些理论将为学生在接下来的课程中制定人工智能道德规范提供基础。

第四部分 人工智能道德规范（4学时）

- 内容：将介绍职业道德规范，研究大多数职业道德规范中常见的共同价值观，以及为人工智能制定道德规范的挑战；还将讨论人工智能中职业道德规范的特点，并讨论了Asilomar原则、北京AI原则的意义。

第五部分 透明度（2学时）

- 内容：将学习透明度的概念、不同类型的透明度、透明度的级别、透明度背后的道德价值观，以及如何降低与透明度相关的成本。通过以下几个案例（关于知情同意的Tuskegee案例研究、人工智能在医疗保健中的使用、数据保护法中的透明度）来讨论透明度的概念。

第六部分 透明度和可解释性（2 学时）

- 内容：本部分将概述可解释人工智能，它从技术方面解决了透明度问题。具体将介绍：（1）使用探索性数据分析、数据集描述和标准化、数据集摘要等方法进行建模前解释；（2）可解释的建模，如决策树、线性模型和基于案例的推理；（3）建模后可解释性，如反事实方法、模型不可知方法。

第七部分 治理、问责制和责任（2 学时）

- 内容：将介绍问责的概念、透明度和问责之间的区别，以及在复杂的人工智能系统（如自动驾驶汽车）中解决问责的困难；然后，将讨论在人工智能开发中鼓励透明度和问责制的治理方法，如市场需求方、行业监管和国家干预。

第八部分 隐私问题（2 学时）

- 内容：将介绍隐私的概念和功能，以及与计算机、互联网、GPS、基于位置的服务、数据挖掘和人工智能等不同技术相关的隐私问题；还将介绍改善隐私的方法，尤其是保护隐私的人工智能，包括数据隐私、输入 / 输出隐私和模型隐私的方法。

第九部分 公平和偏见（4 学时）

- 内容：将介绍公平和偏见的概念，演示几种人工智能应用中的偏见，如人脸识别系统、搜索、个性化在线内容、刑事司法系统中使用的人工智能。此外，还会介绍不同类型的歧视以及偏见对社会价值观的影响，以及解决机器学习中的偏见和确保公平性的方法。

第十部分 人工智能与安全威胁（2 学时）

- 内容：将回顾人工智能的特性，尤其是与安全相关的特性；还将讨论人工智能如何扩展现有威胁、引入新威胁以及改变威胁的典型特点；以及研究人工智能时代确保安全的应对措施和干预措施。

第十一部分 如何构建道德机器？（4 学时）

- 内容：探索如何在机器中实施道德规则。我们将首先学习伦理语法，将道德视为合作游戏以及如何利用义务论（或契约论）来为避免冲突和拯救生命提供伦理基础。

7.7 “实变函数与泛函分析”教学大纲

■ 课程概要

课程编号	30000210	学分	4	学时	64	开课学期	第四学期
课程名称	中文名：实变函数与泛函分析 英文名：Real Variable Function and Functional Analysis						
课程简介	本课程是人工智能专业的选修课程之一，是数学类分析学科近代发展方向的重要基础，也是数学科学联系实际的重要桥梁之一，它具有非常重要的应用价值。当今量子物理、计算数学、动力系统和概率统计等诸多领域中所出现的数学模型有相当一部分均与本学科有密切的关系。						
教学要求	通过学习，学生应能系统地获得最基本的知识和必要的基础理论，能比较熟练地掌握基本的运算技能，为学生学习计算数学其他后继课程、人工智能和其他有关课程提供必要的数学工具，为学生今后应用数学解决实际问题提供必要训练和知识准备。						
教学特色	多举实例，将抽象的理论以容易理解的方式来解释；强化学生的逻辑推理和计算能力。						
课程类型	☐ 专业基础课程　☐ 专业核心课程 ☑ 专业选修课程　☐ 实践训练课程						
教学方式（单选）	☑ 讲授为主　☐ 实验 / 实践为主　☐ 专题讨论为主 ☐ 案例教学为主　☐ 自学为主　☐ 其他（为主）						
授课语言（单选）	☑ 中文　☐ 中文 + 英文（英文授课比例 %） ☐ 英文　☐ 其他外语（ ）						
考核方式（单选）	☑ 考试　☐ 考查 ☐ 考试 + 考查　☐ 其他（ ）						
成绩评定标准	平时作业 + 出勤（占 20%），期末考试（占 80%）						
教材及主要参考资料	[1] 程其襄，张奠宙，胡善文，等. 实变函数与泛函分析基础 [M]. 4版. 北京：高等教育出版社，2019. [2] 江泽坚，吴智泉. 实变函数论 [M]. 2版. 北京：高等教育出版社，1994. [3] 江泽坚，孙善利. 泛函分析 [M]. 2版. 北京：高等教育出版社，2006.						
先修课程	数学分析、高等代数						

大纲提供者：雷雨田

■ 教学内容（64 学时）

第一部分 集合（5 学时）

- 概念：集合（set），元素（element），子集（subset），一一映射（one-one mapping），

可数集（countable set），不可数集（non-countable set），对等（equivalence），基数（cardinal number）。

- 内容：集合的表示、运算，对等与基数，可数与不可数集合。

第二部分 点集（5学时）

- 概念：邻域（neighborhood），内点（interior point），开集（open set），聚点（cluster point），导集（derived set），孤立点（isolated point），闭包（closure），闭集（closed set），有界集（bounded set），稠密集（dense set），稀疏集（nonwhere dense set）。
- 内容：度量空间，聚点，内点，边界点，开集，闭集，完备集，直线上开集、闭集、完备集的构造，康托尔（Cantor）集合。

第三部分 测度论（5学时）

- 概念：勒贝格测度（Lebesgue measure），外测度（outer measure），可测集（measurable set），测度的可加性（additivity of a measure），博雷尔集（Borel set）。
- 内容：外测度，可测集，集合运算的可测性，可测集类，可测集的性质。

第四部分 可测函数（5学时）

- 概念：可测函数（measurable function），简单函数（simple function），几乎处处（almost everywhere），连续函数（continuous function）。
- 内容：可测函数及其性质，可测函数列的收敛性，叶戈罗夫（Egorov）定理，可测函数的构造，鲁津（Lusin）定理，依测度收敛，里斯（Riesz）定理。

第五部分 积分论（7学时）

- 概念：积分（integral），可积（integrable），有限可加性（finite additivity），绝对连续性（absolute continuity），列维引理（Levi lemma），法杜引理（Fatou lemma），控制收敛定理（dominated convergence theorem），有界收敛定理（bounded convergence theorem），等度绝对连续（equiabsolute continuity），下方图形（lower figure），截口（section）。
- 内容：黎曼（Riemann）积分的局限性，勒贝格（Lebesgue）积分，非负简单函数的积分，非负可测函数的积分，一般可测函数的积分，黎曼积分与勒贝格积分，勒贝格积分的几何意义，富比尼（Fubini）定理。

第六部分 微分与不定积分（6学时）

- 概念：维塔利覆盖（Vitali covering），单调函数（monotone function），全变差（total variation），有界变差（bounded variation），绝对连续函数（absolutely continuous function），勒贝格点（Lebesgue point）。
- 内容：维塔利（Vitali）定理，单调函数的可微性，有界变差函数，不定积分，牛顿－莱布尼兹（Newton-Leibniz）公式，斯蒂尔切斯（Stieltjes）积分，Lebegue-Stieltjes测度与积分。

第七部分 度量空间和赋范线性空间（7学时）

- 概念：度量空间（metric space），赫尔德不等式（Holder inequality），闵可夫斯基不等式（Minkowski inequality），极限（limit），连续映射（continuous mapping），同胚映射（homeomorphism mapping），柯西列（Cauchy sequence），完备空间（complete space），压缩映射（contraction mapping），不动点（fixed point），线性空间（linear space），直接和（direct sum），范数（norm），赋范线性空间（normed linear space），巴拿赫空间（Banach space）。
- 内容：度量空间的例子，度量空间中的极限，稠密集，可分空间，连续映射，基本列与完备度量空间，度量空间的完备化，压缩映射原理及其应用，线性空间，赋范线性空间和巴拿赫空间。

第八部分 有界线性算子和连续线性泛函（5学时）

- 概念：线性算子（linear operator），线性泛函（linear functional），有界线性算子（bounded linear operator），算子范数（norm of an operator），共轭空间（conjugate space），保距算子（isometric operator），有限秩算子（finite rank operator），商空间（quotient space）。
- 内容：有界线性算子和连续线性泛函，有界线性算子空间和共轭空间，有限秩算子。

第九部分 内积空间和希尔伯特空间（7学时）

- 概念：内积（inner product），内积空间（inner product space），希尔伯特空间（Hilbert space），平行四边形法则（parallelogram law），极化恒等式（polarization identity），正交（orthogonal），正交补（orthogonal complement），投影算子

（projective operator），规范正交系（orthonormal system），傅里叶系数（Fourier coefficients），贝塞尔不等式（Bessel inequality），帕赛瓦尔等式（Parseval formula），完全规范正交系（completely orthonormal system），共轭算子（conjugate operator），自伴算子（self-adjiont operator）。

- 内容：内积空间，投影定理，希尔伯特（Hilbert）空间中的规范正交系，希尔伯特空间上的连续线性泛函，里斯（Riesz）表示定理，自伴算子、酉算子和正规算子。

第十部分　巴拿赫空间中的基本定理（7 学时）

- 概念：共轭算子（conjugate operator），无处稠密集（nonwhere dense set），第一纲集（set of the first category），第二纲集（set of the second category），强收敛（strong convergence），弱收敛（weak convergence），弱星收敛（weak star convergence），一致收敛（uniform convergence），自反空间（reflexive space），开映射（open mapping），图像（graph），闭算子（closed operator）。
- 内容：泛函延拓定理，C［a，b］的共轭空间，共轭算子，纲定理和一致有界定理，强收敛、弱收敛和一致收敛，逆算子定理，闭图像定理。

第十一部分　线性算子的谱（5 学时）

- 概念：正则算子（regular operator），正则集（regular set），谱点（spectral point），特征值（eigenvalue），特征向量（eigenvector），点谱（point spectrum），连续谱（continuous spectrum），紧集（compact set），相对紧集（precompact set），紧算子（compact operator）又称全连续算子，迹（trace），指标（index）。
- 内容：谱的概念，有界线性算子谱的基本性质，紧集和全连续算子，全连续算子的谱论，费雷德霍姆（Fredholm）算子与指标。

7.8 “机器人学导论”教学大纲

■ 课程概要

课程编号	30000260	学分	2	学时	32	开课学期	第四学期
课程名称	中文名：机器人学导论						
	英文名：Introduction to Robotics						

（续）

课程简介	机器人学是一门综合交叉型的工程学科，结合机械、电子、计算机和自动控制多学科领域的研究思想。本课程是人工智能专业的选修课程之一，使学生对机器人学的基本知识、基本概念和性质、基本理论和方法有初步的理解和认识，不断提高学生对机器人研究兴趣和综合解决机器人实际问题的能力，为后续开展机器人智能化研究奠定基础。
教学要求	要求学生掌握机器人学的基本知识要点和思想方法，对机器人研究现状有更全面、更深入的体会和准确的理解；能对机器人学构建全面的知识要点体系，提出综合的设计思路，开展有效的运动仿真方法，具有初步开展机器人研究的技术基础；进一步提高学生的学术修养、综合思维、动手实践能力，逐步学会用机器人技术手段解决实际机器人研究问题。
教学特色	突出机器人学基本知识要点、拓展机器人研究思维、提高机器人技术能力。
课程类型	☐ 专业基础课程 ☐ 专业核心课程 ☑ 专业选修课程 ☐ 实践训练课程
教学方式（单选）	☑ 讲授为主 ☐ 实验 / 实践为主 ☐ 专题讨论为主 ☐ 案例教学为主 ☐ 自学为主 ☐ 其他（为主）
授课语言（单选）	☑ 中文 ☐ 中文 + 英文（英文授课比例 %） ☐ 英文 ☐ 其他外语（ ）
考核方式（单选）	☐ 考试 ☑ 考查 ☐ 考试 + 考查 ☐ 其他（ ）
成绩评定标准	PPT 汇报 + 课堂表现 + 平时作业 + 出勤（占 30%），期末学术报告（占 70%）
教材及主要参考资料	[1] 熊有伦. 机器人学：建模、控制与视觉 [M]. 2 版. 武汉：华中科技大学出版社，2020. [2] 蔡自兴. 机器人学 [M]. 3 版. 北京：清华大学出版社，2015. [3] 蔡自兴. 机器人学基础 [M]. 3 版. 北京：机械工业出版社，2021.
先修课程	高等代数（一）、高等代数（二）

大纲提供者：俞志伟、段晋军

■ 教学内容（32 学时）

第一部分 机器人学绪论（2 学时）

- 概念：机器人（robot），机器人学（robotics）。
- 内容：机器人学定义，机器人学的发展历史，机器人学理论基础简介，机器人的分类，机器人现状与前沿技术。

第二部分 运动学（4 学时）

- 概念：位姿（pose），旋转矩阵（rotation matrix），欧拉角（Euler angle），齐次变

换（homogeneous transformation），雅克比矩阵（Jacobian matrix）。
- 内容：运动学基础，正运动学，逆运动学，基于 Matlab 运动学计算。

第三部分　动力学（6 学时）

- 概念：空间矢量（space vector），动力学（dynamics），拉格朗日动力学方程（Lagrange dynamic equation）。
- 内容：传统系统动力学，机器人通用动力学推导，基于 ADAMS 动力学仿真。

第四部分　机器人结构与驱动（4 学时）

- 概念：机械设计（mechanical design），机械增益（mechanical gain），驱动器（drive）。
- 内容：串联机器人，并联机器人，机器人机械与关节结构，关节驱动方式，Creo 结构设计，仿人机器人案例。

第五部分　机器人感知（2 学时）

- 概念：传感器（sensor），点估计（point estimation），传感器模拟（sensor simulation）。
- 内容：机器人感知过程，机器人传感器的应用，估计过程，感知信息表示方法，多种传感器应用案例。

第六部分　机器人运动规划与控制（4 学时）

- 概念：轨迹规划（trajectory planning），路径规划（path planning），时变优化问题（time-varying optimization problem），运动控制（motion control）。
- 内容：运动规划与运动控制，轨迹规划与路径规划方法，运动控制方法，足式步态规划方法。

第七部分　机器人力控制（4 学时）

- 概念：刚度控制（stiffness control），导纳控制（admittance control），刚性环境（rigid environment），柔顺环境（compliant environment），力 / 位混合控制（hybrid position/force control）。
- 内容：力与运动混合控制，基于 Matlab 的力 / 位混合控制仿真。

第八部分　机器人控制系统（2 学时）

- 概念：系统架构（system structure），机器人控制器（robot controller），通信总线（communication bus），控制系统方案（control system solution）。

- 内容：机器人控制器架构，现有控制系统方案。

第九部分 机器人类别专题（2学时）

- 概念：冗余机器人逆解（inverse solution for redundant robots），步态规划（gait planning），路径规划（path planning），零力矩点（zero moment point），稳定性（stability）。
- 内容：七自由度冗余协作机器人，仿生机器人。

第十部分 机器人前沿（2学时）

- 概念：服务机器人（service robot），情感机器人（emotional robot），无人驾驶车辆（self-driving car），NASA机器人，DLR机器人。
- 内容：机器人的未来，以及人工智能在机器人中的最新应用案例。

7.9 “数据库概论”教学大纲

■ 课程概要

课程编号	30000140	学分	2	学时	32	开课学期	第五学期
课程名称	中文名：数据库概论 英文名：Introduction to Database						
课程简介	本课程主要介绍数据库的基本概念与关系数据库系统的基本理论。通过对相关概念和理论的学习，可以让学生掌握如何去设计、建立、操作和管理一个具体的数据库系统。通过本课程的学习可以使学生能够： （1）掌握与数据库有关的基本概念，包括数据库系统的组成、体系结构和基本功能。 （2）了解关系数据模型的数学基础和关系数据库的规范化理论，掌握并学会使用关系数据库系统的标准数据子语言SQL。 （3）了解数据库的设计、应用开发和运行维护过程，具备从事数据库设计与应用开发的基本能力。						
教学要求	采用“课堂讲授+课后实践”的教学模式。课堂讲授侧重于对于基本概念、基础理论、应用技术的讲解，通过布置课后复习思考题来引导学生对课程内容进行自我归纳和总结，通过布置课后作业来检查学生对于课程知识点的掌握情况，通过布置课程实践项目来锻炼学生综合运用课程知识来解决实际问题的能力。						
教学特色	在课程内容上遵循基础理论与应用技术相结合，在教学方法上坚持课堂教学与实践应用相结合，重点培养学生综合运用课程知识解决实际问题的能力。						
课程类型	☐ 专业基础课程 ☐ 专业核心课程 ☑ 专业选修课程 ☐ 实践训练课程						

（续）

教学方式 （单选）	☑ 讲授为主　☐ 实验 / 实践为主　☐ 专题讨论为主 ☐ 案例教学为主　☐ 自学为主　☐ 其他（为主）
授课语言 （单选）	☑ 中文　☐ 中文 + 英文（英文授课比例 %） ☐ 英文　☐ 其他外语（ ）
考核方式 （单选）	☑ 考试　☐ 考查 ☐ 考试 + 考查　☐ 其他（ ）
成绩评定标准	平时作业和课堂考勤（占 30%），期末考试（占 70%）
教材及主要参考资料	[1] O'NEIL P，O'NEIL E. 数据库——原理. 编程与性能（第2版·影印版）[M]. 北京：高等教育出版社，2001. [2] SILBERSCHATZ A，KORTH H E，SUDARSHAN S. 数据库系统概念（原书第7版）[M]. 杨冬青，等译. 北京：机械工业出版社，2021. [3] 王珊，萨师煊. 数据库系统概论 [M]. 5版. 北京：高等教育出版社，2014.
先修课程	离散数学、数据结构与算法分析、操作系统导论

大纲提供者：柏文阳

教学内容（32学时）

第一部分　数据库基础（2学时）

- 概念：数据库，数据库管理系统，数据模型，数据库用户，数据库管理员。
- 内容：数据库、数据库管理系统、数据库应用、数据库用户、数据库系统与数据库应用系统的基本概念及其相互关系；数据库系统的体系架构和数据库用户的划分；数据模型及其分类；数据库技术的发展历史，国内数据库研究的现状。

第二部分　关系数据模型（8学时）

- 概念：关系数据模型（关系 / 元组 / 属性 / 关系约束，表 / 行 / 列，域 / 关系模式 / 表头，空值 / 关键字），关系代数（并 / 交 / 差 / 笛卡儿积，投影 / 选择，联接 / 自然联接 / 外联接，除法）。
- 内容：关系 / 元组 / 属性的定义，表 / 行 / 列的定义，关系模式 / 表头 / 关键字 / 外关键字的定义，空值的定义与处理，关键字存在定理，关系数据模型与关系约束，关系与表的区别；相容表的定义，关系代数中的基本运算（并 / 差 / 笛卡儿积 / 投影 / 选择）与扩充运算（交 /联接 / 自然联接 / 外联接 / 除法）的定义、运算条件与结果关系，每一个扩充运算的推导公式；用关系代数表达式来表示用户在关系数据模型的操作，重点讲解不同运算符之间的区别（并、交、差运算之间的区别与联系，笛卡儿积、联接、自然联接三者之间的区别与联系，联接运算与除法运算之间的区别)；通过课后复习思考题、课后作业以及课堂复习，对本章的重点和难点进行归纳和总结（“不等”比较与“差”运算的区别与联系，是使用“联接”运算还是“除”运算？如何正确地使用差、自然联接、除运算，如何表示关系的自联接)。

第三部分 SQL语言（4学时）

- 概念：SQL标准与基本语言规范，数据类型，SELECT/INSERT/UPDATE/DELETE语句，查询谓词，子查询/嵌套子查询，相关子查询/独立子查询，统计查询/分组统计查询/分组统计选择查询。
- 内容：SQL标准发布历史与基本语言规范，SQL常用数据类型，常用的四种交互式SQL数据操纵命令的语法规范和使用方法；SQL数据操作功能与关系代数运算符之间的对应关系，SQL语言中的基本数据查询操作的表示方法（单表查询，多表联接查询和嵌套查询，结果元组去重与排序)，扩展查询谓词的使用（空值查询谓词is null，模糊查询谓词like与查询模板的定义，集合查询谓词in/not in、exists/not exists，量化比较谓词some/any/all)；子查询与嵌套查询，独立子查询与相关子查询的定义与区别，子查询的并、交、查；复杂查询的表示方法（SQL语言中表联接的表示方法、与关系代数中的笛卡儿积/联接/自然联接之间的联系与区别，表的自联接的表示方法，关系代数中的差运算、除运算在SQL查询中的表示方法)；SQL语言中的统计查询、分组统计查询和分组统计选择查询功能，统计计算中空值与空集的处理规则；关系中元组的插入、删除、修改操作命令。

第四部分 数据库设计（8学时）

- 概念：数据库设计/数据冗余/操作异常，数据库生命周期/概念设计/逻辑设计/关系规范化设计，实体联系模型（实体/属性/联系，实体联系图，实体联系模型到关系模型的转换规则)，属性的划分（identifier/descriptor/single-valued/composite/multi-valued attribute)，联系（binary/ring/N-ary relationship)，联系上的函数对应关系与参与方式（单值参与/多值参与，强制参与/可选参与)，属性基数/弱实体/继承；函数依赖（非平凡函数依赖/平凡函数依赖，部分函数依赖/完全函数依赖，传递函数依赖)，Armstrong公理系统（自反规则/传递规则/增广规则，分解规则/合并规则)，函数依赖集的闭包及其计算方法，函数依赖集的覆盖与等价，属性集的闭包及其计算算法，基于函数依赖概念的关键字的定义、定理及计算算法，主属性 / 非主属性，最小函数依赖集 / 最小覆盖的定义、判断规则及其计算算法；范式的定义、相互关系及其判定方法（1NF/2NF/3NF/BCNF），模式分解（无损联接分解，依赖保持性），无损联接分解的判定定理，3NF 模式分解算法。

- 内容：数据库技术的基本理论——数据模型，了解数据库的生命周期及三个不同层次上的数据模型概念，熟练掌握常用概念数据模型——实体联系模型与扩充实体联系模型的建模方法及其向关系模型的转换规则；了解关系规范化设计的目的与实现途径，理解各种形式的函数依赖概念及其发现方法（如何从数据约束中发现函数依赖），掌握 Armstrong 公理系统中三条基本规则以及分解规则、合并规则的定义，并能熟练用于函数依赖的推导；理解函数依赖集的闭包、覆盖、等价、最小函数依赖集的定义及其相互关系，能够开展两个函数依赖集之间的覆盖、等价的判断；理解属性集闭包和关键字的定义，能够熟练掌握属性集闭包计算、关键字计算、最小函数依赖集计算等三个算法的计算；能够理解 1NF/2NF/3NF/BCNF 四个范式的定义，能够熟练地进行是否满足某个范式的判断；能够完整地开展数据库设计任务（从用户需求出发设计概念数据模型、实现从概念数据模型到关系模型的转换、根据模型中的数据完整性约束发现关系上的函数依赖、对每一个关系开展规范化设计，直至最终的关系模式都能够满足指定的范式要求）。

第五部分　数据库的完整性与安全性（2 学时）

- 概念：数据完整性 / 数据安全性，基表定义命令，数据完整性的定义方法（非空约束 / 缺省值定义 /CHECK 约束 / 主键定义 / 外键定义），视图的概念与定义命令，数据安全性（主体 / 客体，权限，授权命令 / 权限回收命令）。
- 内容：理解什么是数据库的安全性与完整性，熟练掌握数据库的基表创建命令及数据完整性约束的定义方法；视图的定义、作用及其创建命令，了解视图与基表的区别与联系；了解数据库中的数据组织与管理方法，了解数据库安全性保护的目的和实现机制，掌握数据库安全性保护中的基本概念及其实施方法（主体 / 客体，权限，角色，权限的授予与回收命令）。

第六部分　数据库与应用程序之间的访问接口（2 学时）

- 概念：数据库应用，数据库应用访问接口，嵌入式 SQL/ 交互式 SQL，游标，错误处理。

- 内容：了解嵌入式SQL与交互式SQL的区别、数据库应用程序的基本结构和常用的数据库网络访问接口；掌握游标的定义及其使用方法；了解出错处理语句的使用方法。

第七部分 事务处理（6学时）

- 概念：事务，事务的性质（原子性/一致性/隔离性/持久性），事务的类型与隔离级别，事务调度/串行调度/并发调度/可串行化调度，冲突动作/事务优先图/冲突可串行化调度/冲突可串行化调度判定定理，封锁（排他性/共享锁）/锁相容矩阵/合适事务，两阶段封锁协议/两阶段封锁事务，事务日志，基于日志的数据库故障恢复。
- 内容：事务的定义及其ACID性质；事务的类型（readonly/readwrite）与隔离级别（ReadUncommitted/ReadCommitted/ReadRepeatable/Serializable）；事务调度，串行调度和并发调度的区别，并发调度正确性的判定方法和可串行化调度；冲突动作的定义，事务优先图及冲突可串行化的判定定理，可串行化调度与冲突可串行化调度之间的关系；基于封锁技术的事务并发控制的实现方法，共享锁/排他锁的定义、锁相容矩阵以及锁的申请与释放算法，两阶段封锁协议、两阶段封锁事务及其与冲突可串行化调度的关系；三种数据不一致性（不正确的事务并发执行导致的数据不一致性），三种数据不一致性与四种隔离级别之间的关系；事务日志，三种不同类型日志的记载规则及其在故障恢复中的作用，基于事务日志的数据库故障恢复方法。

7.10 “深度学习平台及应用”教学大纲

■ 课程概要

课程编号	30000650	学分	2	学时	32	开课学期	第五学期
课程名称	中文名：深度学习平台及应用						
	英文名：Deep Learning Platform and Application						
课程简介	深度学习是机器学习领域中一个新的研究方向，它被引入机器学习使其更接近于最初的目标——人工智能。至今已有数种深度学习框架，如深度全连接神经网络、卷积神经网络和循环神经网络，被广泛应用在计算机视觉、语音识别、自然语言处理与生物信息学等领域并取得了极好的效果。本课程涵盖深度学习基础知识、模型调优原理和技巧、知名算法及其应用实例，为学生将来从事深度学习方面的研究工作打下坚实基础。						

（续）

教学要求	本课程通过知识点理解、模型算法讲解、课后动手实践相结合的教学方法，让学生掌握深度学习的主要知识点，了解最新的研究动态，清楚其潜在的各种应用。本课程要求学生掌握经典的模型并能够灵活运用 PyTorch 或 TensorFlow 进行建模，且具备一定的自我探索和解决新问题的能力。
教学特色	坚持理论和实践相结合、学习和研究相结合的教学特色。
课程类型	☐ 专业基础课程　☐ 专业核心课程 ☑ 专业选修课程　☐ 实践训练课程
教学方式（单选）	☑ 讲授为主　☐ 实验 / 实践为主　☐ 专题讨论为主 ☐ 案例教学为主　☐ 自学为主　☐ 其他（为主）
授课语言（单选）	☑ 中文　☐ 中文 + 英文（英文授课比例 %） ☐ 英文　☐ 其他外语（ ）
考核方式（单选）	☑ 考试　☐ 考查 ☐ 考试 + 考查　☐ 其他（ ）
成绩评定标准	平时作业 + 出勤（占 60%），期末考试（占 40%）
教材及主要参考资料	[1] 邱锡鹏. 神经网络与深度学习 [M]. 北京：机械工业出版社，2020. [2] 周志华. 机器学习 [M]. 北京：清华大学出版社，2016. [3] GOODFELLOW I, BENGIO Y, COURVILLE A. Deep learning [M]. MIT Press, 2016.
先修课程	人工智能程序设计、机器学习导论

大纲提供者：张杰

教学内容（32 学时）

第一部分　数学基础（2 学时）

- 概念：线性代数（linear algebra），概率论与信息论（probability and information theory），数值计算（numerical computation）。
- 内容：矩阵和向量运算，矩阵分解（奇异值分解，特征分解），逆矩阵，矩阵的行列式，矩阵的迹，随机变量，概率分布，边际概率，条件概率，独立和条件独立，链式法则，期望，方差，协方差，常用概率分布，贝叶斯法则，信息论，结构化的概率模型，计算溢出，梯度优化，约束优化。

第二部分　深度学习和机器学习介绍（2 学时）

- 概念：深度学习简介，机器学习基本知识。
- 内容：深度学习发展历史和趋势，学习算法，过拟合和欠拟合（overfitting and underfitting），超参，验证集，交叉验证（cross validation），超参和验证，偏差和方差，最大似然估计，监督学习，无监督学习，随机梯度下降。

第三部分 全连接网络、正则化和优化（3学时）

- 概念：深度前馈网络（Deep Feedforward Network，DFN），深度学习的正则化（regularization for deep learning），优化（optimization）。
- 内容：神经元，网络结构，前馈神经网络，损失函数，局部最小值（local minima），全局最小值（global minima），鞍点（saddle point），梯度下降，反向传播算法，正则化，早停法（early stopping），小批训练（mini batch），动量效应（momentum），自动调整学习率（adaptive learning rate），RMSProp，Adam，学习率调整策略（learning rate scheduling），学习率预热（learning warmup），学习率衰减（learning rate decay），Dropout，批标准化（batch normalization）。

第四部分 卷积网络（3学时）

- 概念：卷积网络的神经科学基础，卷积和池化，卷积网络及其变种，高效的卷积算法，卷积网络的应用。
- 内容：卷积网络的发展历史，卷积网络的神经科学基础，卷积网络接受域（receptive field），参数共享（parameter sharing），卷积层（convolutional layer），池化（pooling），卷积网络及其变种，高效的卷积算法，CNN和全连接网络的对比，卷积网络的应用，Deep Dream，Deep Style。

第五部分 递归神经网络和长短期记忆网络（3学时）

- 概念：递归神经网络（Recurrent Neural Network，RNN），建模长期依赖的挑战，长短期记忆网络（LSTM），长短期记忆网络应用。
- 内容：递归神经网络发展历史，递归神经网络，时间反向传播（Back Propagation Through Time，BPTT），双向递归神经网络，建模长期依赖的挑战，梯度消失（gradient vanishing），长短期记忆网络（Long Short-Term Memory，LSTM），门控循环单元（Gated Recurrent Unit，GRU），长短期记忆网络在自然语言中的应用。

第六部分 自编码器（3学时）

- 概念：自编码器（autoencoder），正则化自编码器（regularized autoencoder），去噪自编码器（denoising autoencoder），收缩自编码器（contractive autoencoder），卷积自编码器，自编码器应用。

- 内容：编码器，解码器，瓶颈层，自编码器，自编码器和 PCA 的关系，自编码器预训练 DNN，受限波尔兹曼机（Restricted Boltzmann Machine，RBM），正则化自编码器，去噪自编码器，收缩自编码器，卷积自编码器，自编码器的应用。

第七部分　变分自编码器（3 学时）

- 概念：变分自编码器（Variational Autoencoder，VAE），变分自编码器和自编码器的异同，变分自编码器的应用。
- 内容：变分自编码器的特性，变分自编码器的结构，高斯混合模型，KL 散度（Kullback-Leibler divergence），ELBO 损失函数，变分自编码器和传统自编码器的差异，变分自编码器的优缺点，条件变分自编码器（conditional VAE），变分自编码器的应用。

第八部分　生成对抗网络（3 学时）

- 概念：生成对抗网络（Generative Adversarial Network，GAN）的思想，生成对抗网络的实现，生成对抗网络的数学原理，生成对抗网络的变种，生成结果的评估，生成对抗网络的应用。
- 内容：生成对抗网络与物种进化的对比，生成对抗网络的实现，生成对抗网络的数学原理，JS 散度的缺陷，WGAN，训练 GAN 的技巧，GAN 和 VAE 的对比，条件 GAN，循环 GAN，生成结果的评估，生成对抗网络的应用。

第九部分　自注意力机制（3 学时）

- 概念：自注意力机制（self-attention），Transformer 和 BERT 模型，自注意力的应用。
- 内容：自注意力机制，自注意力的不同实现，多头自注意力机制（multi-head self-attention），自注意力与 RNN 的对比，自注意力和 CNN 的对比，位置编码，Transformer 模型，BERT 模型，自注意力的应用。

第十部分　深度强化学习（4 学时）

- 概念：深度强化学习（Deep Reinforcement Learning），Policy Gradient 算法，Actor-Critic 算法，奖励塑造（reward shaping），示范学习（learning from demonstration）。
- 内容：智能体（agent）、环境（environment）和奖励（reward），马尔可夫决策过程，深度强化学习，Policy Gradient 算法，Actor-Critic 算法，奖励塑造，示范学习。

第十一部分 对抗攻击、防御和可解释性（3学时）

- 概念：对抗攻击（Adversarial Attack），防御，可解释性机器学习（Explainable Machine Learning）。
- 内容：攻击实例，攻击方法（白盒攻击、黑盒攻击等），防御方法（被动攻击、主动攻击等），模型的可解释性，解释结果和解释模型，解释结果和模型的技术及其局限。

7.11 "计算机数学建模"教学大纲

■ 课程概要

课程编号	22010540	学分	2	学时	32	开课学期	第五学期
课程名称	中文名：计算机数学建模 英文名：Mathematical Modelling in Computer Science						
课程简介	本课程是人工智能专业重要的专业选修课程之一，使学生对数学建模的基本概念、理论和方法尤其是在计算机学科中的应用有深刻的理解和认识，不断提高分析问题和解决问题的能力。						
教学要求	要求学生掌握常见的数学模型以及数学建模的基本方法与技巧，能够将其应用于解决计算机学科中的实际问题，深入体会数学建模在计算机学科中的重要作用，提高学生的数学修养、科学思维和逻辑推理能力，逐步学会用数学建模的思维方式来解决计算机学科中的实际问题。						
教学特色	讲透原理、重在理解、突出应用、提高能力。						
课程类型	☐ 专业基础课程　☐ 专业核心课程 ☑ 专业选修课程　☐ 实践训练课程						
教学方式（单选）	☑ 讲授为主　☐ 实验 / 实践为主　☐ 专题讨论为主 ☐ 案例教学为主　☐ 自学为主　☐ 其他（为主）						
授课语言（单选）	☑ 中文　☐ 中文 + 英文（英文授课比例 %） ☐ 英文　☐ 其他外语（ ）						
考核方式（单选）	☐ 考试　☑ 考查 ☐ 考试 + 考查　☐ 其他（ ）						
成绩评定标准	平时作业 + 出勤（占 25%），期末大作业（占 75%）						
教材及主要参考资料	[1] 姜启源，谢金星，叶俊. 数学模型［M］. 5 版. 北京：高等教育出版社，2018. [2] GIORDANO F R，FOX W P，HORTON S B. 数学建模（原书第 5 版）［M］. 叶其孝，姜启源，等译. 北京：机械工业出版社，2014. [3] MEERSCHAERT M M. 数学建模方法与分析（原书第 4 版）［M］. 刘来福，杨淳，黄海洋，译. 北京：机械工业出版社，2015.						
先修课程	无						

✎ 大纲提供者：周毓明

教学内容（32 学时）

第一部分　建立数学模型（2 学时）

- 课程简介与概述：课程内容（content），数学模型（mathematical model），数学建模（mathematical modeling），数学建模示例（examples of mathematical modeling），数学建模步骤（steps of mathematical modeling），模型分类（types of models）。
- 计算机应用举例：缺陷语句定位，软件规模预测，网页排序算法。

第二部分　简单优化模型（4 学时）

- 数学概念与模型：量纲分析（dimensional analysis），量纲（dimension），量纲齐次（dimensional homogeneity），白金汉定理（Buckingham’s theorem），静态优化（static optimization），目标函数（objective function），微分方程（differential equation），解的敏感性（sensitivity of solution），目标函数的稳定性（stability of objective function）。
- 计算机应用举例：关键模块识别，软件发布时机。

第三部分　数学规划模型（4 学时）

- 数学概念与模型：决策变量（decision variable），目标函数（objective function），约束条件（constraint），单纯形法（simplex method），分支定界法（branch and bound method），线性规划（linear programming），整数规划（integer programming），非线性规划（nonlinear programming），0-1 规划（0-1 programming）。
- 计算机应用举例：下一版本问题，测试用例约简，图像重建，图像分割，程序最坏执行时间估算，并发系统性能分析，存储优化，编码解码，分类器设计。

第四部分　图论模型（2 学时）

- 数学概念与模型：二部图（bipartite graph），子图（subgraph），支撑子图（spanning subgraph），赋权图（weighted graph），树（tree），支撑树（spanning tree），最小支撑树（minimum spanning tree），最短路径（shortest path）。
- 计算机应用举例：车联网协作通信，无线传感网数据收集，自适应交通信号控制，移动用户定位，基站信号调度。

第五部分　统计回归模型（6 学时）

- 数学概念与模型：描述性统计（descriptive statistics），四分位距（interquartile

range)，峰度（kurtosis），偏度（skewness），箱线图（boxplot），正态分布（normal distribution），独立变量（independent variable），依赖变量（dependent variable），等方差（homoscedasticity），残差（residual error），杜宾 – 瓦特森统计量（Durbin-Watson statistic），置信区间（confidence interval），库克距离（cook distance），k 折交叉验证（k-fold cross-validation），线性回归（linear regression），偏最小二乘回归（partial least squares regression），logistic 回归（logistic 回归），分类（classification），排序（ranking），性能指标（performance indicators），假设检验（hypothesis testing）。

- 计算机应用举例：高危缺陷预测，开发工作量估算，设计模式质量评价，代码熟悉程度建模，开源项目长期贡献者预测。

第六部分　层次分析模型（2 学时）

- 数学概念与模型：层次分析法（analytic hierarchy process），方案层（alternatives），准则层（criteria），目标层（goal），成对比较阵（pairwise comparisons matrix），正互反阵（positive reciprocal matrix），特征根（eigenvalue），特征向量（eigenvector），一致性比率（consistency ratio），权向量（weight vector），网络层次分析法（analytic network process）。
- 计算机应用举例：项目工作量估算，项目风险评估，专家知识获取，web 服务选择。

第七部分　马尔可夫模型（2 学时）

- 数学概念与模型：随机过程（stochastic process），状态（state），转移概率（probability of transitioning），马氏链（Markov Chain），无后效性（memoryless property），正则链（regular chain），吸收链（absorbing chain），稳态概率（stationary probability），隐马尔可夫模型（hidden Markov model）。
- 计算机应用举例：缺陷数目预测，网页排序，网站导航能力评价，aspect 自动挖掘，语音信号识别。

第八部分　微分方程模型（4 学时）

- 数学概念与模型：一阶微分方程（first order differential equation），二阶微分方程（second order differential equation），常系数线性非齐次微分方程（nonhomogeneous linear differential equation with constant coefficients），通解（general solution），

平衡点（equilibrium points），稳定平衡点（stable equilibrium point），相轨线（phase line），Petri 网（Petri net）。
- 计算机应用举例：进程死锁检测。

第九部分　智能计算模型（4学时）

- 数学概念与模型：粗糙集（rough set），信息表（information table），不可区分性（indiscernibility），集合近似（set approximation），约简（reducts），核（core），粗糙隶属度（rough membership），属性依赖（dependency of attribute），模糊集（fuzzy set），截集（cut set），支撑集（support set），模糊隶属度（fuzzy membership）。
- 计算机应用举例：图像噪声消除，核磁共振和 CT 图像融合，医学图像增强，图像边界检测，图像分割，图像二值化，图像压缩，签名真伪鉴别，无监督特征选择。

第十部分　傅里叶变换模型（2 学时）

- 数学概念与模型：频域（frequency domain），时域（time domain），相位谱（phase spectrum），连续傅里叶变换（Continuous Fourier Transform，CFT），傅里叶级数（Fourier Series，FS），离散时间傅里叶变换（Discrete Time Fourier Transform，DTFT），离散傅里叶变换（Discrete Fourier Transform，DFT）。
- 计算机应用举例：代码可读性评价，照片加水印，视频中的对象运动轨迹预测，图像质量评价，图像融合，纹理重建，掌纹识别。

7.12 “形式语言与自动机”教学大纲

■ 课程概要

课程编号	22011120	学分	3	学时	48	开课学期	第五学期
课程名称	中文名：形式语言与自动机						
	英文名：Formal Languages and Automata						
课程简介	本课程是计算机、人工智能相关专业学生在计算理论方面的入门课程。本课程对于加深学生对计算机科学规律的认识、提高学生的计算机理论素质有重要的意义。希望通过这门课的讲授与学习能够帮助学生熟悉并掌握形式语言理论基础，并且了解现阶段主流形式化建模语言及技术，为将来在相关方向的深造打好基础。						

（续）

教学要求	通过这门课帮助学生熟悉并掌握形式语言理论基础，熟练掌握有穷自动机、正则表达式、上下文无关文法、图灵机等文法与计算模型。深入理解相关文法的区别与特点，并初步应用。在此基础上进一步了解现阶段主流形式化建模语言及技术，为将来在相关方向的深造与应用打好基础。
教学特色	夯实理论基础，锻炼实际应用。
课程类型	☐ 专业基础课程　☐ 专业核心课程 ☑ 专业选修课程　☐ 实践训练课程
教学方式（单选）	☑ 讲授为主　☐ 实验 / 实践为主　☐ 专题讨论为主 ☐ 案例教学为主　☐ 自学为主　☐ 其他（为主）
授课语言（单选）	☑ 中文　☐ 中文 + 英文（英文授课比例 %） ☐ 英文　☐ 其他外语（ ）
考核方式（单选）	☐ 考试　☐ 考查 ☑ 考试 + 考查　☐ 其他（ ）
成绩评定标准	课后作业（占 30%），项目实验（占 20%），期末考试（占 50%）
教材及主要参考资料	教材： ［1］HOPCROFT J E，MOTWANI R，ULLMAN J D. 自动机理论、语言和计算导论（原书第 3 版）［M］. 孙家骕，等译. 北京：机械工业出版社，2008. 主要参考书： ［1］SIPSER M. Introduction to the theory of computation［M］. 2nd ed. Course Technology，2006. ［2］PELED D. Software reliability methods［M］. Springer，2011.
先修课程	离散数学、程序设计基础

大纲提供者：卜磊

■ 教学内容（48 学时）

第一部分　基础知识准备（2 学时）

- 概念：集合、图、函数、字母表、字符串、语言。
- 内容：对集合、图、函数等相关离散数据基础概念进行回顾，并对形式语言相关基本定义（如字母表、字符串、语言等）进行描述。

第二部分　正则语言（7 学时）

- 概念：确定性有穷自动机、非确定性有穷自动机、正则表达式。
- 内容：确定、非确定有限自动机的介绍，如何精简、简化；正则表达式构造、语义；正则表达式与有限自动机关系；正则语言相关封闭性与可判定性问题、泵引理等。

第三部分　上下文无关语言（12 学时）

- 概念：上下文无关文法、下推自动机。
- 内容：上下文无关文法基础、简化技术；确定、非确定下推自动机；上下文无关文法与下推自动机间等价性；上下文无关语言相关封闭性与可判定性问题、泵引理等。

第四部分　图灵机（15 学时）

- 概念：图灵机、图灵编程、图灵可计算、停机问题、可判定性、复杂度。
- 内容：图灵机定义、图灵机所定义语言（递归语言、递归可枚举语言）、图灵机编程；递归语言，递归可枚举语言封闭性等；可判定性，复杂度（P、NP、NPC），问题规约等。

第五部分　建模语言（12 学时）

- 概念：转换系统、Petri 网、时间自动机、时序逻辑。
- 内容：转换系统语法、语义、等价性证明；Petri 网语法、语义，建模分析方法；时间自动机语法、语义，建模分析方法；时序逻辑（CTL、LTL 等）及应用；可信软件基本概念与分析方法等。

7.13 “计算机体系结构”教学大纲

■ 课程概要

课程编号	22011180	学分	2	学时	48	开课学期	第六学期
课程名称	中文名：计算机体系结构						
	英文名：Computer Architecture						
课程简介	本课程是人工智能专业的专业选修课程之一，在计算机系统基础课程的基础上，进一步介绍现代计算机系统的软硬件系统设计。除了现代处理器设计技术之外，还将深入分析各类数据密集型计算加速器设计，使学生对现代计算机系统的设计理念有初步了解，进一步提升学生对人工智能系统的整体设计和分析能力。						
教学要求	要求学生掌握计算机软硬件系统的基本设计思路，设计中的总体权衡及量化分析方法；理解计算机系统设计中的关键瓶颈及常用解决方案；熟悉计算机系统设计中的指令级并行、数据级并行、线程级并行及请求级并行；熟悉计算机访存架构、分布式计算架构及互连设计。						

（续）

教学特色	整体贯穿计算机系统软硬件设计、重点讲解设计理念、拓展体系结构新进展。		
课程类型	☐ 专业基础课程 ☑ 专业选修课程	☐ 专业核心课程 ☐ 实践训练课程	
教学方式（单选）	☑ 讲授为主 ☐ 案例教学为主	☐ 实验 / 实践为主 ☐ 自学为主	☐ 专题讨论为主 ☐ 其他（为主）
授课语言（单选）	☑ 中文 ☐ 英文	☐ 中文 + 英文（英文授课比例 %） ☐ 其他外语（ ）	
考核方式（单选）	☑ 考试 ☐ 考试 + 考查	☐ 考查 ☐ 其他（ ）	
成绩评定标准	平时成绩 + 课内实践（占 70%），期末考试（占 30%）		
教材及主要参考资料	[1] HENNESSY J L, PATTERSON D A. Computer architecture: A quantitative approach [M]. 6th ed. Elsevier，2017.		
先修课程	计算机系统基础		

大纲提供者：王炜

■ 教学内容（48学时）

第一部分 绪论（2学时）

- 概念：计算机体系结构（computer architecture），指令集架构（Instruction Set Architecture，ISA），微架构（microarchitecture），分层设计（layered design），设计权衡（design tradeoff），量化分析（quantitative analysis），估算（back-of-the-envelope calculation），仿真分析（simulation）。
- 内容：计算机软硬件系统的分层架构，软硬件系统分界线——ISA；系统设计中的基本设计权衡思想，量化分析的基本思想，系统重要设计指标，估算、仿真等重要量化工具；计算机体系结构发展历史，目前体系结构面对的指令级并行、访存和散热三大瓶颈。

第二部分 指令集设计（2学时）

- 概念：冯·诺依曼模型（Von Neumann model），数据流（data flow），语义鸿沟（semantic gap），精简指令集计算机（Reduced Instruction Set Computer，RISC），复杂指令集计算机（Complex Instruction Set Computer，CISC）。
- 内容：程序执行的冯·诺依曼模型和数据流模型，指令集架构与微架构之间的区别与联系，程序员可见的硬件状态；指令集设计中的关键要素，包括精简指令 /

复杂指令，指令编码方式，Load-use/Register-Register 模式，寻址方式等设计选择。

第三部分　高级流水线设计（4 学时）

- 概念：流水线（pipeline），结构冒险（structure hazard），控制冒险（control hazard），数据冒险（data hazard），谓词执行（predicated execution），分支预测（branch prediction）。
- 内容：RISC-V 指令集基础，单周期、多周期及流水线 CPU 硬件实现；区分执行时延与带宽，并进行定量分析；流水线中的结构冒险、控制冒险和数据冒险；针对数据冒险介绍阻塞、数据前转等解决方案；针对控制冒险介绍谓词执行、分支预测等解决方案；分支预测中的分支目标缓冲（branch target buffer）结构设计，定性分析局部 / 全局 / 混合预测器性能；实验（仿真对比谓词执行与分支预测性能）。

第四部分　指令级并行（8 学时）

- 概念：指令级并行（Instruction Level Parallelism，ILP），超标量（superscalar），阿姆达尔定律（Amdahl's law），乱序执行（out-of-order），动态调度（dynamic scheduling），记分牌（scoreboard），保留站（reservation station），寄存器重命名（register renaming），指令重排缓存（ReOrder Buffer，ROB）。
- 内容：指令级并行的基本概念及性能上界；超标量处理器的基本架构；乱序执行引擎中的三个主要算法模块（记分牌、Tomasulo 算法和 ROB）；三种类型的数据冒险（RAW、WAW、WAR），使用寄存器重命名解决后两种冒险；访存 Load-Store 队列；翻转课堂（重要微架构论文阅读与讲解）。

第五部分　多线程处理器（2 学时）

- 概念：线程级并行（Thread Level Parallelism，TLP），同时多线程技术（Simultaneous MultiThreading，SMT）
- 内容：现代处理器中的细粒度同时多线程技术，利用多线程并行减少指令之间的依赖性并提高资源利用率。

第六部分　数据级并行（6 学时）

- 概念：数据级并行（Data Level Parallelism，DLP），矢量计算机（vector machine），单指令多数据（Single Instruction Multiple Data，SIMD），图形处理器（Graph

Processing Unit，GPU），脉动阵列（systolic array）。

- 内容：数据级并行基本概念，矢量计算机实现。现代处理器中的 SIMD 指令，常见矢量 / 线性代数 / 科学计算库；GPU 的基本结构及计算模式；深度学习应用计算模型，深度学习硬件加速设计及软件编译需求；实验（利用 SIMD 及多线程技术进行代码优化）。

第七部分 VLIW 与静态调度（4 学时）

- 概念：超长指令字（Very Long Instruction Word，VLIW），静态调度（static scheduling），编译优化（compiler optimization）。
- 内容：VLIW 处理器设计理念，IA64 硬件架构；静态调度实现方案，常见编译优化方法（循环展开、软件流水线、Trace 优化）。

第八部分 存储器与缓存（6 学时）

- 概念：缓存（cache），存储层级（memory hierarchy），访存局部性（memory locality），内存级并行（memory level parallelism），预取（prefetching）。
- 内容：存储层级及访存的时间局部性和空间局部性，缓存架构及定量分析缓存性能，影响缓存命中率和命中时间的关键因素，缓存缺失的四类情况；缓存的组织、性能优化及并行访存架构（MSHR）；DRAM 结构介绍，影响 DRAM 性能的关键因素；DRAM 控制器设计及缓存预取；实验（利用 GEM5 仿真分析缓存性能）。

第九部分 多处理器系统（10 学时）

- 概念：缓存一致性（cache coherence），访存一致性（memory consistency）。
- 内容：常见异构多处理器架构，并行计算任务调度；基于 Snoopy 和 Directory 的缓存一致性算法；访存顺序一致性与锁的软硬件实现。

第十部分 数据中心与系统互连（4 学时）

- 概念：请求级并行（Request Level Parallelism，RLP），数据中心（data center），虚拟化（virtualization）。
- 内容：基于总线及交换节点的互连，常见互连拓扑的性能分析，各类通用高速互连方案介绍；数据中心基本结构和设计理念，虚拟化与硬件关联；翻转课堂（近年重要体系结构论文阅读与讲解）。

7.14 “信息检索”教学大纲

■ 课程概要

课程编号	30000550	学分	2	学时	32	开课学期	第六学期
课程名称	中文名：信息检索 英文名：Information Retrieval						
课程简介	信息检索（IR）是计算机从一个大的数据集中选择用户查询的最相关信息并返回的过程。IR 不论是过去还是现在都是计算机科学中最重要的问题之一。本课程涵盖构建高效、稳健的 IR 系统和 IR 应用的基本技术。						
教学要求	要求学生掌握索引构造、索引压缩、查询处理、检索模型、机器学习排名方法等基本原理。此外，学生应该能够将这些技术应用在不同的领域（如网络搜索引擎、推荐系统、问答）。						
教学特色	本课程为学生们提供了百度、谷歌等主要搜索引擎的基本原理。本课程展示了如何利用数据结构、算法、机器学习等知识构建一个真实的大规模系统。此外，本课程还为学生提供了可以进一步应用于其他人工智能应用的核心 IR 技术。						
课程类型	☐ 专业基础课程　☐ 专业核心课程 ☑ 专业选修课程　☐ 实践训练课程						
教学方式（单选）	☑ 讲授为主　☐ 实验 / 实践为主　☐ 专题讨论为主 ☐ 案例教学为主　☐ 自学为主　☐ 其他（为主）						
授课语言（单选）	☐ 中文　☐ 中文 + 英文（英文授课比例 %） ☑ 英文　☐ 其他外语（ ）						
考核方式（单选）	☑ 考试　☐ 考查 ☐ 考试 + 考查　☐ 其他（ ）						
成绩评定标准	作业 + 编程作业（占 60%），期末考试（占 40%）						
教材及主要参考资料	[1] MANNING C D，RAGHAVAN P, SCHUTZE H. Introduction to information retrieval [M]. Cambridge University Press, 2008. [2] CROFT W B，METZLER D，STROHMAN T. Search engines: Information retrieval in practice [M]. Addison-Wesley，2010.						
先修课程	数据结构与算法分析、机器学习导论。 人工智能学校的核心课程（如数据结构和算法分析）以及基础机器学习（例如，用于分类、回归等的 ML），为本课程提供了良好的准备。虽然不是强制性的，但对计算机体系结构的基本理解有助于理解本课程的一些主题（如索引构造、压缩）。为了完成课程编程作业，学生还应该熟悉 Python。						

✎ 大纲提供者：阮锦绣

■ 教学内容（32 学时）

第一部分　介绍（2 学时）

- 内容：将简要介绍信息检索领域的概况，包括信息检索的定义、应用、该领域的发展、信息检索的规模和主要任务（索引、排名、查询处理）以及检索模型的概述（布尔检索模型、向量空间模型、概率检索模型）。

第二部分 布尔检索模型（2学时）

- 内容：将介绍布尔检索模型、术语文档关联矩阵、倒排索引构造、文本处理和文档解析的基本过程、基于标准倒排索引处理布尔查询的基本算法、查询优化、基于二元图和位置倒排索引处理短语查询和邻近查询的方法。

第三部分 词典与宽容检索（2学时）

- 内容：将介绍在查询中处理拼写错误的技术，以实现鲁棒性强的信息检索；我们将首先讨论用于存储倒排索引字典的数据结构（哈希、B树），以便于高效搜索；然后我们研究处理通配符查询，查询中的拼写错误的技术。

第四部分 索引构造（4学时）

- 内容：将介绍高效构建大型反向索引的技术，主要包括计算模型、基于磁盘的反转、基于块排序的索引、单次内存索引、分布式索引和动态索引。

第五部分 索引压缩（2学时）

- 内容：针对在内部内存和外部存储方面占据了巨大空间的大型集合（如Web）的索引，我们首先介绍一些方法（Heap定律、Zipf定律），这些方法可以用来估计给定集合大小时索引的大致大小；接着，我们将研究索引压缩技术，包括字典压缩技术（dictionary-as-a-string、blocking、front-coding）、post压缩（可变长度编码、Gamma编码）。

第六部分 向量空间模型（4学时）

- 内容：将介绍向量空间检索模型，主要包括参数和区域索引、术语频率权重和变量、向量空间评分、降低评分函数计算复杂性的方法（不精确的top K文档检索、分支和定界）。

第七部分 概率检索模型（2学时）

- 内容：将介绍基于给定一对查询和文档的相关性概率对搜索结果进行排序的概率检索模型，包括概率排序原则、二元独立模型、BM25模型、BM25模型的扩展；还概述一个信息检索系统，该系统将结合前面部分提到的基本技术。

第八部分 评价和相关反馈（2学时）

- 内容：将介绍如何评估红外系统，以及基于反馈改进检索结果的技术，主要包括评估度量（精度、召回率、f-度量、精度召回曲线、插值精度、平均精度），反馈技术（相关反馈、查询重新形式化等）。

第九部分　学习排名（4 学时）

- 内容：将介绍如何使用机器学习方法来学习对给定查询的文档的相关性进行排序的方法，主要包括学习排序的形式化（逐点、成对、列表）、基于支持向量机的学习排序方法（支持向量机用于顺序分类、排序支持向量机、支持向量机映射）、Ranknet、Lamdark、Lamdart 等。

第十部分　网络搜索引擎：网络爬虫体系结构（2 学时）

- 内容：网络搜索引擎无疑是最著名的 IR 应用。除了 IR 中的核心技术外，web 搜索还需要定期在 web 上抓取文档以进行索引；还介绍网络爬虫的基本架构、保持鲁棒性的方法，以及删除重复文档的技术［位置敏感哈希（LSH）］。

第十一部分　网络搜索引擎：链接分析和 Page Rank（2 学时）

- 内容：描述网络搜索引擎如何利用超链接和网络的图形结构来预测文档的重要性，包括页面排名、中心和权限等。

第十二部分　推荐系统（2 学时）

- 内容：结合信息检索的推荐给工业界带来了可观的收益，推荐系统任务可以转换为信息检索任务，其中查询是用户配置文件，文档是产品描述；还将介绍推荐系统的基本方法，包括基于内容的推荐、协同过滤方法。

第十三部分　问答系统（2 学时）

- 内容：问答是一种特殊的信息检索，给定一个查询（问题），我们不返回文档列表，而是返回一个简短的答案；还介绍基于 IR 思想的基本 QA 方法，如密集通道检索（DPR）、答案跨度提取方法。

7.15　“智能硬件与新器件”教学大纲

■ 课程概要

课程编号	30000380	学分	2	学时	32	开课学期	第六学期
课程名称	中文名：智能硬件与新器件						
	英文名：Intelligent Hardware and New Devices						

（续）

课程简介	本课程是人工智能学院重要的专业实践课之一，由南京大学人工智能学院的老师和英特尔的工程师共同建设。人工智能离不开强大的计算能力，英特尔开发了从服务器到设备端的适用于各种不同应用场景的处理器及加速器。在本课程中，学生会了解到业界最前沿的智能硬件产品，其中包括服务器端的至强可扩展处理器，专注计算机视觉任务的神经计算棒或者类似产品以及 FPGA 加速器。同时结合各种案例动手实践，在这些硬件平台上搭建完整的人工智能解决方案。另外，校内老师以及业界专家还会分享一些企业合作案例，以及智能硬件的最新发展动态，让学生了解真实的人工智能应用解决方案。
教学要求	学习本课程后，要求学生到达以下要求： （1）对智能硬件的基本了解，以及对相关技术最新发展动态的了解。 （2）可以在课程中介绍的硬件上搭建人工智能应用程序。
教学特色	本课程的特色： （1）由校内老师和企业工程师联合授课。 （2）通过完整的企业级案例给同学们讲解如何使用智能硬件，并指导大家搭建自己的人工智能应用程序。
课程类型	☐ 专业基础课程 ☐ 专业核心课程 ☑ 专业选修课程 ☐ 实践训练课程
教学方式（单选）	☑ 讲授为主 ☐ 实验 / 实践为主 ☐ 专题讨论为主 ☐ 案例教学为主 ☐ 自学为主 ☐ 其他（为主）
授课语言（单选）	☑ 中文 ☐ 中文 + 英文（英文授课比例 %） ☐ 英文 ☐ 其他外语（ ）
考核方式（单选）	☑ 考试 ☐ 考查 ☐ 考试 + 考查 ☐ 其他（ ）
成绩评定标准	期末（占 70%），能力训练（测试）(占 30%)
教材及主要参考资料	教案
先修课程	机器学习导论、高级机器学习

大纲提供者：詹德川

■ 教学内容（32 学时）

第一部分 深度森林应用案例（校内老师，6 学时）

第二部分 车辆型号识别应用案例（企业工程师，12 学时）

- 开发环境（Jupyter Notebook）及工具（Keras）介绍（1 学时）
- 选择数据集，对数据进行预处理（2 学时）
- 选择合适的网络模型，训练及评估模型（3 学时）
- 使用 OpenVINO 开发工具在神经计算棒上部署模型（5 学时）
- 神经计算棒介绍

- OpenVINO Toolkit 介绍
- 使用 OpenVINO 在神经计算棒上做推理加速
- CV 相关的模型介绍及 Demo 展示（1 学时）

第三部分　使用 FPGA 加速推理（企业工程师，6 学时）

- FPGA 开发介绍（3 学时）
- 面向软件人员的 FPGA 介绍
- 使用 OpenVINO 工具在 FPGA 上部署深度学习推理应用
- 基于 Terasic OpenVINO Starter Kit 的图像分类应用案例（3 学时）
- OpenVINO Starter kit 硬件安装及软件环境的设置
- Open VINO Starter kit 上 Demo 工程的运行
- 使用模型优化器转换训练好的模型
- 基于 FPGA 插件的 Open VINO 推理程序的编写及运行

第四部分　在神经计算棒或 FPGA 上部署神经网络模型（学生，4 学时）

- 让学生参考样例，使用 OpenVINO 在神经计算棒或 FPGA 上部署不同类型的模型，工程师现场提供技术支持，成果作为考核成绩。

第五部分　行业案例分享（校内教师，4 学时）

- 分享企业合作案例
- 分享智能硬件的发展及最佳实践案例

7.16 “复杂结构数据挖掘”教学大纲

■ 课程概要

课程编号	30000580	学分	2	学时	32	开课学期	第七学期
课程名称	中文名：复杂结构数据挖掘						
	英文名：Data Mining for Complex Data Objects						
课程简介	数据挖掘是人工智能的核心研究领域之一，通过对巨量数据进行有效分析和挖掘，从中发现数据内在蕴藏的知识与规律。随着数据收集设备的不断丰富，现今的数据挖掘技术需要能够对各种不同的具有复杂结构的数据进行分析。本课程作为人工智能本科专业的专业选修课程之一，旨在培养学生对具有复杂结构的数据进行分析与挖掘的能力，掌握针对典型复杂结构数据进行挖掘的核心思想与基本技术，建立对实际问题求解过程中的“数据思维”。						

（续）

教学要求	本课程旨在培养学生对具有复杂结构的数据进行分析与挖掘的能力。通过课堂教学、实践教学相结合，让学生掌握数据挖掘核心技术、针对典型的复杂结构数据进行挖掘的主要技术，培养学生对数据内在结构特征进行分析与把握、灵活应用所学知识设计与数据内在结构特征相符的数据挖掘方法的能力，引导学生建立对实际问题进行求解的“数据思维”。
教学特色	面向领域前沿、着眼数据特点、深入核心技术、注重实践锤炼。
课程类型	☐ 专业基础课程　☐ 专业核心课程 ☑ 专业选修课程　☐ 实践训练课程
教学方式（单选）	☑ 讲授为主　☐ 实验 / 实践为主　☐ 专题讨论为主 ☐ 案例教学为主　☐ 自学为主　☐ 其他（为主）
授课语言（单选）	☑ 中文　☐ 中文 + 英文（英文授课比例 %） ☐ 英文　☐ 其他外语（ ）
考核方式（单选）	☐ 考试　☑ 考查 ☐ 考试 + 考查　☐ 其他（ ）
成绩评定标准	平时成绩（占 40%），数据挖掘实践（占 60%）
教材及主要参考资料	[1] AGGARWAL C C. Data mining: The textbook [M]. Springer，2015. [2] HAND D. Principles of data mining [M]. MIT Press，2001. [3] HAN J W，KAMBER M，PEI J. 数据挖掘：概念与技术（原书第 3 版）[M]. 范明，孟小峰，译. 北京：机械工业出版社，2012.
先修课程	数学分析、高等代数、概率论与数理统计、机器学习导论

大纲提供者：黎铭

■ 教学内容（32 学时）

第一部分　引言（2 学时）

- 概念：数据（data），数据挖掘（data mining），知识发现（KDD）。
- 内容：数据挖掘的目标，数据挖掘的成功案例，数据挖掘的基本概念，知识发现过程与数据挖掘的关系，典型的数据类型，典型的数据挖掘任务及分类，数据挖掘与其他分支领域的关系，数据挖掘的关键支撑技术。

第二部分　数据与数据预处理（4 学时）

- 概念：数据（data），数据预处理（data preprocess），数据清洗（data cleaning），数据变换（data transformation），特征选择（feature selection），降维（dimensionality reduction）。
- 内容：数据的概念，数据的不同类型及可行计算，基本的数据预处理方法，包括数据清洗、数据变换、数据约简，典型的特征选择方法，典型的降维方法，包括主成分分析、流形学习等。

第三部分　数据挖掘核心技术（6 学时）

- 概念：关联规则挖掘（association pattern mining），预测（prediction），分类（classification），回归（regression），排序（ranking），聚类（clustering），距离度量（distance metrics），异常点分析（outlier analysis）。
- 内容：关联规则挖掘的基本概念，频繁项集挖掘算法；预测的基本概念，预测型数据挖掘的通用框架，预测模型的性能评价，典型的分类模型、回归模型、排序模型；聚类的基本概念，典型的聚类算法；异常点分析的概念，典型的异常点分析算法。

第四部分　挖掘文本数据与互联网数据（6 学时）

- 概念：文本数据（text data），词袋模型（bag-of-words model），TF-IDF（Term Frequency-Inverse Document Frequency，词频–逆文件频率），词向量模型（word2vec model），主题模型（topic model），互联网搜索（web search），互联网内容挖掘（web content mining），互联网结构挖掘（web structure mining），互联网使用方式挖掘（web usage mining），排序（ranking），协同过滤（collaborative filtering）。
- 内容：文本数据的特点，文本数据挖掘的应用；文本数据的预处理，文本数据的特征表示；主题建模，文本聚类，文本分类；互联网数据的特点，互联网数据获取与预处理，互联网数据挖掘的典型类别，搜索与典型的排序模型，网页结构分析与提取，推荐系统，协同过滤方法。

第五部分　挖掘序列与空间数据（4 学时）

- 概念：离散序列数据（discrete sequence data）、时序数据（time series data）、顺序依赖关系（sequential dependency）、隐马尔可夫模型（HMM）、条件随机场（CRF）、循环神经网络（RNN）、空间数据（spatial data）、空间依赖关系（spatial dependency）、轨迹（trajectory）、上下文属性（contextual attribute）。
- 内容：典型的序列化数据，序列数据的结构特点，序列性建模的典型方法，频繁子序列挖掘，序列数据的分类方法，序列数据聚类方法，序列数据异常检测方法；典型的空间数据，空间数据的结构特点，空间属性约束下的数据变化与特征提取方法；空间共生模式挖掘，轨迹提取方法，轨迹的分类、聚类与异常检测方法。

第六部分 挖掘图与社交网络数据（6学时）

- 概念：图（graph）、拓扑依赖关系（topological dependency），最大共同子图（maximum common subgraph），图匹配（graph matching），社交网络（social network），链接预测（link prediction），社区发现（community detection），社会影响力分析（social influence analysis）。
- 内容：典型的图数据，图数据的特点，图匹配方法，图频繁子结构挖掘，图聚类方法，图分类分类，图嵌入及表示学习方法，社交网络的特点，社区发现方法，链接预测方法，社会影响力建模。

第七部分 挖掘多媒体数据（2学时）

- 概念：图像数据（image data），视频数据（video data），音频数据（audio data），多模态（multi-modality），多义性对象（ambiguous object）。
- 内容：多媒体数据及特性，典型多媒体数据的特征提取方法，媒体数据的多义性，面向多义性对象的学习，多模态学习，主观相似度建模。

第八部分 挖掘软件数据（2学时）

- 概念：软件挖掘（software mining），缺陷检测（defect detection），缺陷定位（bug localization），软件自动修复（automatic patching），软件克隆检测（software clone detection）。
- 内容：软件挖掘的定义及意义，典型的软件挖掘任务；软件数据的特点，软件数据的特征表示，软件缺陷检测的典型模型，软件缺陷定位的典型模型，软件自动修复的典型模型，软件克隆检测的典型模型。

本研共修课程教学大纲

8.1 “时间序列分析”教学大纲

课程概要

课程编号	081200D81	学分	2	学时	32	开课学期	第七学期
课程名称	中文名：时间序列分析 英文名：Time Series Analysis						
课程简介	时间序列是日常生活中最常见的数据形式之一。对时间序列的分析既是统计学中的重要问题，也是人工智能、数据挖掘的一个重要应用方向。本课程面向人工智能学院的本科生和研究生，重点关注统计学中分析时间序列的基本思路、模型以及方法，同时强调使用人工智能技术对时序数据这一种特殊的数据类型进行分析，也关注使用时间序列分析中的思路看待和解决人工智能领域的实际问题。课程内容将从时间序列的发展历程、平稳性、经典分析模型等概念逐步推进。课程中也会介绍人工智能的相关技术，如使用循环神经网络进行时间序列的建模，或使用时间序列中的自回归、指数平均思想建模机器学习、计算机视觉的重要问题。						
教学要求	本课程的教学目标是使学生了解时间序列研究的发展历程、代表性理论和方法，掌握时序数据分析的核心思想及其拓展，在数据挖掘应用中熟练运用常见时间序列分析和预测方法，针对具体问题能给出合理的解决方案。						
教学特色	授课过程中通过大量的实例和分析使学生不断反思所学知识，对算法进行重构与拓展；本课程结合领域前沿的相关论文，将前沿技术使用补充阅读、习题等方式进行讲授；通过时间序列领域的实例，讲述领域发展的历程，凸显出在领域的研究中如何迭代创新。						
课程类型	☐ 专业基础课程　☐ 专业核心课程 ☑ 专业选修课程　☐ 实践训练课程						
教学方式（单选）	☑ 讲授为主　☐ 实验 / 实践为主　☐ 专题讨论为主 ☐ 案例教学为主　☐ 自学为主　☐ 其他（为主）						
授课语言（单选）	☑ 中文　☐ 中文 + 英文（英文授课比例 %） ☐ 英文　☐ 其他外语（ ）						
考核方式（单选）	☐ 考试　☐ 考查 ☑ 考试 + 考查　☐ 其他（ ）						

（续）

成绩评定标准	作业和课程实验（占60%），期末考试（占40%）
教材及主要参考资料	[1] MADSEN H. Time series analysis [M]. Chapman & Hall，2008. [2] BOX G E P，JENKINS G M，REINSEL G C，et al. Time series analysis forecasting and control [M]. Wiley，2016. [3] 易丹辉，王燕. 应用时间序列分析 [M]. 北京：人民大学出版社，2019.
先修课程	概率论与数理统计、机器学习导论

大纲提供者：叶翰嘉

■ 教学内容（32学时）

第一部分 导论（2学时）

- 概念：时间序列（time series），随机模型（stochastic model），自回归模型（Auto-Regressive model，AR model），移动平均模型（Moving Average model，MA model），线性投影（linear projection），时间序列分类（time series classification），时间序列预测（time series forecasting），循环神经网络（recurrent neural network）。
- 内容：介绍课程概况，时间序列问题的基本定义；介绍时间序列问题的类型，如时间序列预测、时间序列分类、时间序列异常检测等；介绍时间序列常用数据集，时间序列任务的评价指标，以及时间序列的常见实践工具；介绍并探讨时间序列和人工智能的关系；介绍时间序列分析发展简史，以及在不同发展阶段的代表性人物和方法；简要介绍人工智能领域处理时间序列问题的基本模型（如循环神经网络等），介绍概率分布基础知识。

第二部分 回归分析（3学时）

- 概念：回归（regression），线性回归（linear regression），最小二乘估计（least square estimate），极大似然估计（maximum likelihood estimate），指数平滑（exponential smoothing），一步预测均方误差（squared one-step prediction error）。
- 内容：介绍回归任务，探讨回归和时间序列任务的关联和区别；介绍线性回归模型以及相关求解方法；介绍指数平均方法，讨论指数平均方法在机器学习领域中的应用，如优化领域、模型集成方面等；介绍 Theta 方法。

第三部分 线性过程（3学时）

- 概念：随机过程（stochastic process），自协方差（autocovariance），严平稳（strictly stationary），宽平稳（weak stationary），纯随机过程（pure stochastic process），

白噪声（white noise），自协方差函数（autocovariance function），自相关函数（autocorrelation function），新息过程（innovation process），线性过程（linear process），平稳性（stationarity），可逆性（invertibility）。

- 内容：从随机过程的角度理解时间序列分析问题；介绍时间序列的平稳性、可逆性等性质；介绍时间序列的相关统计量，时间序列统计量的估计；介绍平稳序列的建模思想；介绍线性过程模型，介绍 Wold 分解定理。

第四部分　ARMA 模型及其扩展（6 学时）

- 概念：AR 过程（AR process），MA 过程（MA process），ARMA 过程（ARMA process），ARIMA 过程（Auto-Regressive Integrated Moving-Average Process），过差分（over differencing），随机游走（random walk），插值（interpolation），预测（prediction）。
- 内容：简述时间序列分析问题的建模步骤；介绍时间序列分析中的经典模型 AR 模型、MA 模型，ARMA 模型的构成及性质；探究 AR 思想在机器学习领域的应用，如概率密度估计、生成式模型等；介绍 Cramer 分解定理，ARIMA 模型的构成及性质；介绍各类时序模型的预测方式，比较不同时间序列模型的优劣。

第五部分　时间序列模型的辨识与优化（3 学时）

- 概念：假设检验（hypothesis test），模型辨识（model identification），矩估计（moment estimation），最小二乘估计（least square estimate），极大似然估计（maximum likelihood estimation）。
- 内容：介绍时序模型的辨识，回顾时间序列分析的整体框架和流程；介绍模型定阶方法；介绍时序模型的优化方式；介绍时间序列分析中常见的检验统计量，介绍纯随机检验、模型显著性检验、模型的平稳性检验、参数显著性检验的步骤。

第六部分　有季节效应的时序模型（3 学时）

- 概念：Tukey 变换（Tukey transformation），Box-Cox 变换（Box-Cox transformation），时间序列分解（time series decomposition），长期趋势（trend），循环波动（circle），季节性变化（season）。
- 内容：介绍时间序列分析的常用变换，即不同变换方法在人工智能领域的应用，如噪声学习领域；介绍有季节效应的时序模型构建；介绍时间序列的因素分解思路，ARIMA 加法、乘法模型；介绍趋势效应的提取方法，X11 模型；介绍

Prophet 方法。

第七部分 多元时间序列模型（4 学时）

- 概念：传递函数（transfer function），输入输出模型（input-output model），传递函数模型（transfer function model），ARMAX 模型（Auto-Regressive-Moving Average with eXogenous input model），干预模型（intervention Model），平稳向量过程（jointly stationary vector process），状态空间模型（state space model），重构 / 滤波（reconstruction/filtering），插值 / 平滑（interpolation/smoothing），卡尔曼滤波（Kalman Filter）。
- 内容：介绍基于线性系统的时间序列模型，传递函数模型的拟合与预测；介绍干预模型的构建，干预机制的选择；介绍多元时间序列模型的概念、构建和优化方法；介绍状态空间模型，卡尔曼滤波的定义、模型构建以及参数拟合，卡尔曼滤波的发展历程，卡尔曼滤波的贝叶斯视角。

第八部分 时间序列分析的机器学习方法（8 学时）

- 概念：长短期记忆（Long Short-Term Memory，LSTM），自注意力（self-attention），位置编码（positional encoding），时序卷积网络（temporal convolutional network），膨胀卷积（dilated convolution），因果卷积（casual convolution）。
- 内容：介绍机器学习、数据挖掘模型处理时间序列数据的主要思路；介绍 RNN 用于序列化预测的步骤，RNN 的性质，RNN 的参数更新方式，介绍 LSTM 和 RNN 的关系与区别；介绍卷积模型和序列化模型在时间序列分析上的差异和联系；介绍自注意力模型用于时间序列预测，Transformer 的构建与使用；介绍融合机器学习方法与传统时间序列方法的混合模型；介绍 N-BEAT 等高阶时间序列模型；通过多个专题介绍时间序列分析中预测、分类、聚类、异常检测等任务中的常见方法。

8.2 “神经网络”教学大纲

■ 课程概要

课程编号	085401D22	学分	2	学时	32	开课学期	第六学期
课程名称	中文名：神经网络						
	英文名：Neural Network						

（续）

课程简介	本课程从基础数学知识出发，详细讲解神经网络的基本原理和内部运行逻辑，并以丰富的编程实例作为分析。让学生知其然知其所以然，学生不仅掌握理论基础，同时可以将知识应用于实处，纵向拓展课程深度。
教学要求	本课程要求学生理解神经网络基本原理，对神经网络能从理论上有一个全面而具体的认识，并能够针对不同任务背景构建相应的网络模型，解决实际问题。
教学特色	内容与时俱进、形式丰富多样、教材同步编写。
课程类型	☐ 专业基础课程　☐ 专业核心课程 ☑ 专业选修课程　☐ 实践训练课程
教学方式（单选）	☑ 讲授为主　☐ 实验 / 实践为主　☐ 专题讨论为主 ☐ 案例教学为主　☐ 自学为主　☐ 其他（为主）
授课语言（单选）	☑ 中文　☐ 中文 + 英文（英文授课比例 %） ☐ 英文　☐ 其他外语（ ）
考核方式（单选）	☐ 考试　☐ 考查 ☑ 考试 + 考查　☐ 其他（ ）
成绩评定标准	本科生：出勤（占 20%），大作业 1（占 20%），期末考试（占 60%） 研究生：出勤（占 20%），大作业 1（占 20%），大作业 2（占 60%）
教材及主要参考资料	当前根据自编教学课件讲授，后续计划采用配套教材进行讲授，配套教材正在编写中。
先修课程	概率论与数理统计、最优化方法导论

大纲提供者：申富饶

教学内容（32 学时）

第一部分　绪论（4 学时）

- 概念：神经网络定义、神经网络研究目标、神经网络发展历史、神经网络研究现状、神经网络研究方法。
- 内容：主要介绍神经网络的起源、生物神经系统、神经网络目前的主流方向、发展前景以及对相关术语的基本定义等，让学生对神经网络有基础的认知，明确学习的方向。

第二部分　神经元（6 学时）

- 概念：MP 神经元、神经元的激发、神经元的整合、感知机神经元、线性回归、线性分类。
- 内容：介绍神经网络最基本的操作单元，包括 MP 神经元、线性神经元、感知器神经元等；学生可以了解神经元的作用机制，单个神经元可以解决哪些问题；同时介绍常用的神经元学习方法，通过实例理解神经元如何解决实际问题。

第三部分 单层神经网络（6学时）

- 概念：神经元的连接、神经元的扩展、单层感知机、最小均方算法。
- 内容：主要介绍如何将神经网络结构从先前的单一神经元结构扩展为多个神经元，从较为简单的扩展出发，然后将多个神经元组合起来，形成单层感知机，完成更加复杂的任务，最后对简单的单层感知机应用实例进行分析。

第四部分 多层神经网络（10学时）

- 概念：批量学习、在线学习、梯度下降法、反向传播算法、通用近似定理、网络结构超参数。
- 内容：首先介绍多层前馈神经网络模型的基本概念，同时介绍不同层级网络所具有的不同拟合能力，接着通过介绍神经网络中常用的激活函数以及定义合适的损失函数，引出多层神经网络的训练方法；通过一个多层神经网络的具体实例深度解析多层前馈神经网络。

第五部分 神经网络模型优化（4学时）

- 概念：学习率、损失函数、正则化、归一化、参数初始化、网络预训练。
- 内容：通过对模型训练过拟合弊端的描述，引出防止模型过拟合的方法，提出应采用多种正则化方法来降低模型复杂度或者增加数据量防止过拟合；从加速神经网络收敛速度的角度上，提出根据任务采用合适的归一化方法；面对不同的学习任务和网络类型，如何选取合适的初始化方法；除了对参数直接进行初始化的方式，还可以通过其他方式来帮助网络学习到合适的参数值。

第六部分 神经网络应用实例（2学时）

- 概念：手写数字分类任务、数据读取、网络初始化方式、激活函数的选择、损失函数的选择、单线性层的创建、多层感知机的创建。
- 内容：在不使用深度学习框架的情况下，编程实现多层感知机完成MNIST手写数字分类任务，通过实例对前五部分内容进行汇总分析；从零开始构建神经网络模型，对数据读取、网络初始化方式、激活函数的选择、损失函数的选择、单线性层的创建、多层感知机的创建等不同内容进行详尽的说明分析，给出关键部分的代码说明；针对不同的学习率、激活函数、参数初始化、正则化方式和损失函数下的算法性能进行比较，并对算法结果进行分析。

8.3 “强化学习”教学大纲

■ 课程概要

课程编号	081200C12	学分	3	学时	32	开课学期	第七学期
课程名称	中文名：强化学习 英文名：Introduction to Reinforcement Learning						
课程简介	本课程是人工智能专业的专业课程之一，使学生对强化学习的基本概念与算法有清晰的认知，并对前沿的强化学习算法有初步的认知，同时能够培养强化学习算法的设计与分析的能力。						
教学要求	要求学生掌握强化学习的基础理论体系、基础算法以及进阶方法，进一步加深学生对利用统计学习等数学工具分析和解决序列决策问题的理解，同时培养学生利用机器学习编程工具求解强化学习问题的能力，进一步地，通过对近年来学术前沿的简介，初步培养学生在强化学习方面的科研思维和直觉。						
教学特色	由浅入深，理论与实践并重。						
课程类型	☐ 专业基础课程 ☐ 专业核心课程 ☑ 专业选修课程 ☐ 实践训练课程						
教学方式（单选）	☑ 讲授为主 ☐ 实验 / 实践为主 ☐ 专题讨论为主 ☐ 案例教学为主 ☐ 自学为主 ☐ 其他（为主）						
授课语言（单选）	☑ 中文 ☐ 中文 + 英文（英文授课比例 %） ☐ 英文 ☐ 其他外语（ ）						
考核方式（单选）	☐ 考试 ☑ 考查 ☐ 考试 + 考查 ☐ 其他（ ）						
成绩评定标准	编程作业（4 次，每次占 20%），期末论文（占 20%）						
教材及主要参考资料	教材： [1] 俞扬，章宗长. 强化学习导论. 教案 参考材料： [1] SUTTON R S, BARTO A G. Reinforcement learning: An introduction [M]. 2nd ed. MIT Press, 2018.						
先修课程	概率论与数理统计、数据结构与算法分析、机器学习导论						

✎ 大纲提供者：俞扬

■ 教学内容（32 学时）

第一部分 引言（2 学时）

- 概念：智能体（agent），观测（observation），状态（state），策略（policy），动力学（dynamics），奖赏（reward），环境（environment），强化学习（reinforcement learning）。

- 内容：课程简介，预备知识，强化学习所设计的关键要素，强化学习应用简介，监督学习与强化学习的差异。

第二部分 模仿学习：行为克隆（2学时）

- 概念：监督学习（supervised learning），模仿学习（imitation learning），行为克隆（behavior cloning），复合误差（compounding error），数据增广算法（Dagger）。
- 内容：从监督学习到模仿学习，行为克隆算法与案例，行为克隆的复合误差的推导，Dagger。

第三部分 直接策略搜索（2学时）

- 概念：随机搜索（random search），黑盒优化（black-box optimization），无梯度优化（derivative-free optimization），零阶优化（zero order optimization），演化算法（evolution algorithms），贝叶斯优化（Bayesian optimization），基于分类的优化（Classification-based optimization）。
- 内容：强化学习问题建模，通过随机搜索求解强化学习问题，黑盒优化定义，黑盒优化算法，黑盒优化算法应用。

第四部分 马尔可夫决策过程（2学时）

- 概念：马尔可夫过程（Markov process），马尔可夫奖励过程（Markov reward process），马尔可夫决策过程（Markov decision process），动作值函数（Q-function），贝尔曼最优方程（Bellman optimality equations）。
- 内容：马尔可夫决策过程的定义，马尔可夫决策过程举例，动作值函数的定义，贝尔曼最优方程的推导，求解马尔可夫决策过程下的最优策略。

第五部分 从马尔可夫决策过程到强化学习（2学时）

- 概念：赌博机（bandit），ε-贪心（ε-greedy），柔性最大函数（softmax），置信度上界（upper-confidence bound），蒙特卡罗树搜索（Monte-Carlo tree search），AlphaGo，与或树搜索（and-or tree search）。
- 内容：赌博机问题，探索/利用权衡，ε-贪心算法，基于柔性最大函数的探索算法，置信度上界，蒙特卡罗树搜索算法与实现，蒙特卡罗树搜索案例，AlphaGo，与或树搜索算法。

第六部分 值函数近似（2 学时）

- 概念：特征向量（feature vector），值函数近似（value function approximation），近似对象（approximation objective），蒙特卡罗更新（Monte Carlo update），时序差分更新（time differential update）。
- 内容：特征向量方法，值函数近似方法，基于蒙特卡罗 / 时序差分方法的值函数更新，蒙特卡罗强化学习算法，Q 学习，不同近似模型的值函数梯度的推导。

第七部分 策略梯度（3 学时）

- 概念：策略退化（policy degradation），策略空间（policy space），参数化策略（parameterized policy），对数技巧（logarithm trick），策略梯度（policy gradient），actor-critic 算法。
- 内容：基于值函数的策略退化问题，稳态分布推导，策略梯度推导，参数化策略与非参数化策略的梯度，策略梯度存在的问题，基于 actor-critic 算法的策略梯度方差降低。

第八部分 深度强化学习和高级值方法（3 学时）

- 概念：深度学习，深度强化学习，深度 Q 值网络（DQN），过估计，Dueling-DQN，Double-DQN，经验回放机制。
- 内容：DQN 将深度学习技术引入强化学习，作为值函数的逼近网络；由于 Bootstraping 的情形下存在过估计的问题，在引入值函数逼近后也存在一些优化的问题，为了解决这些问题，引入了 Dueling、Double 的结构；另外，在深度学习的值函数逼近下，神经网络的一些不良的性质导致了学习效率低下的问题，集成的网络可以缓解该问题，同时，经验回放机制的引入也提高了学习效率。

第九部分 高级策略优化算法（3 学时）

- 概念：策略梯度，异策略，重要性权重，分布匹配，自然梯度，信赖域策略优化，近端策略优化，确定性策略梯度，最大熵强化学习。
- 内容：策略梯度算法是同策略的优化算法，引入重要性采样权重可以使得该算法适当地向异策略偏移；优化过程中出现的分布匹配不一致问题可以通过策略的带约束优化解决；为了求解带约束优化的问题，提出了自然梯度、信赖域梯度、近端梯度来解决这个问题；另外，确定性梯度方法也有一定的优势，对确定性算法的改进，例如引入深度网络、孪生网络等方法也有很好的性能；最大熵方法也是一种异策略的优化算法。

第十部分 高级模仿学习（3学时）

- 概念：逆强化学习，线性奖励函数，最大熵逆强化学习，分布匹配，生成对抗模仿学习，从观测中模仿，多智能体模仿学习。
- 内容：逆强化学习需要学习环境中的奖励函数，一般来说，该奖励函数是线性的，其中一个典型的逆强化学习的例子是最大熵逆强化学习；思考行为克隆的问题，可以发现在序列决策问题中误差会积累，所以考虑消除积累的方式就是做直接的轨迹的分布匹配；生成对抗模仿学习就是一种轨迹匹配的算法；另外，在实际任务中专家数据可能只有观测没有动作，如何从观测中模仿也是一类问题；多智能体的模仿学习由于智能体之间的一致的匹配，也是一类研究方向。

第十一部分 基于模型的强化学习（2学时）

- 概念：规划，基于模型，异策略，模型表示，线性系统，监督学习，模拟引理（simulation lemma），Dyna，遗憾界。
- 内容：规划是一类序列决策的求解方法，基于模型的方法可以学习模型后进行规划；同无模型异策略算法相比，该类方法可以看作一种更好的样本利用方法；对模型做表示是第一步，考虑参数化模型或者其他的方式；在线性系统中，基于模型的方法可以让优化问题变得可以微分；基于模型的方法是一类有一定理论保障的方法，模拟引理揭示了模型在监督学习下的误差和策略性能之间的关系。

第十二部分 探索（2学时）

- 概念：多臂赌博机探索，上置信界优化算法，动作层面的探索，策略参数层面的探索，直接的探索，好奇心机制。
- 内容：探索问题是一个较长时间都在研究的问题，早在多臂赌博机中就有使用上置信界算法做探索的工作来最小化遗憾界；在强化学习的探索问题中，直接基于动作层面去探索和基于参数化的策略的参数空间去探索是两类探索方式；在近年来的工作中，基于好奇心探索是一类方向，使用好奇心机制作为内在奖励去鼓励探索。

第十三部分 强化学习中的知识迁移（2学时）

- 概念：预训练模型，迁移值的差异，多模型，同策略迁移学习，异策略迁移学习，域随机化方法，域适应方法，课程学习。

- 内容：迁移学习是一类开放环境下的强化学习方法，通常迁移的目标环境是未知的；近年来的方法引入了预训练模型、域随机化方法、域适应方法、课程学习等方式来解决该问题。

第十四部分　离线强化学习及其应用（2 学时）

- 概念：分布外（OOD），异策略，策略约束，隐式 Q 学习，保守 Q 学习，基于模型的方法，虚拟淘宝。
- 内容：离线强化学习是在不允许进一步探索下仅仅使用预先收集好的样本去做策略优化的问题，通常希望相对于行为策略有一定的提升；在优化过程中通常会面临超出分布的学习问题，为了解决这个问题引入了策略的约束来学习策略；基于模型的方法是一类被认为可以做 OOD 探索的方法；另外，学习模型可以使用分布匹配的方式；离线学习可以应用在真实环境中，例如虚拟淘宝的方法。

8.4 "智能推理与规划"教学大纲

■ 课程概要

课程编号	081200C10	学分	2	学时	32	开课学期	第七学期
课程名称	中文名：智能推理与规划 英文名：Intelligent Reasoning and Planning						
课程简介	规划是一种重要的问题求解技术，它从某个特定问题的状态出发，寻求一系列行为动作，并建成一个操作序列，直到求得目标状态为止。规划问题广泛存在于人类生产实践活动中，是人工智能的一个核心问题。目前规划的主要应用领域是游戏，并且十分流行。规划的未来发展方向可能是智能风险管理领域，另外也可以预见规划在医学和机器人领域的应用。本课程是人工智能专业重要的专业课程之一，使学生对规划的基本知识、基本概念和性质、基本理论和方法有深刻的理解和认识，不断提高分析问题和解决问题的能力。						
教学要求	要求学生掌握自动规划的基本理论体系、基本思想方法，对解题技巧有更全面、更深入的体会和更准确的理解；能对问题的类型、解题思路和方法进行归纳、总结，探索解题规律；进一步提高学生的专业修养、科学思维、逻辑推理能力。						
教学特色	讲透原理、重在理解、突出重点、提高能力。						
课程类型	☐ 专业基础课程　☐ 专业核心课程 ☑ 专业选修课程　☐ 实践训练课程						

（续）

教学方式（单选）	☑ 讲授为主 ☐ 实验 / 实践为主 ☐ 专题讨论为主 ☐ 案例教学为主 ☐ 自学为主 ☐ 其他（为主）
授课语言（单选）	☐ 中文 ☑ 中文 + 英文（英文授课比例 50%） ☐ 英文 ☐ 其他外语（ ）
考核方式（单选）	☑ 考试 ☐ 考查 ☐ 考试 + 考查 ☐ 其他（ ）
成绩评定标准	期中考试 + 平时作业 + 出勤（占 40%），期末考试（占 60%）
教材及主要参考资料	[1] GHALLAB M, NAU D S, TRAVERSO P. Automated planning: Theory and practice [M]. Elsevier, 2004. [2] GHALLAB M, NAU D S, TRAVERSO P. Automated planning and acting [M]. Cambridge University Press, 2016. [3] RUSSELL S J, NORVIG P. Artificial intelligence: A modern approach [M]. 4th ed. Pearson Education, 2021.
先修课程	无

大纲提供者：赵一铮

■ 教学内容（32 学时）

第一部分　基本概念介绍（2 学时）

- 概念：人工智能（AI），规划（planning），自动规划（automated/AI planning），域独立规划（domain-independent planning），域特定规划（domain-specific planning），可配置规划（configurable planning），状态转换系统（state transition system），状态（state），行动（action），事件（event），状态转换函数（state transition function）。
- 内容：规划的目的（motivations for planning），规划的基本类型（basic forms of planning），规划的概念模型（conceptual model for planning），关于规划的基本假设（basic assumptions about planning），规划的实例——码头装卸机器人，规划与调度（planning vs scheduling）。

第二部分　经典规划的基本知识（2 学时）

- 概念：经典规划（classical planning），受限制的状态转换系统（restricted state-transition system），限制性假设（restrictive assumption），集合论规划域（set-theoretic planning domain），状态可达性（state reachability），经典规划域（classical planning domain）。
- 内容：经典规划的目的（motivations for classical planning）。

第三部分　经典规划的表示（2 学时）

- 概念：经典规划的集合论表达（set-theoretic representation for classical planning），经典规划的经典表达（classical representation for classical planning），经典规划的状态变量表达（state-variable representation for classical planning）。
- 内容：集合论规划问题（set-theoretic planning problem），一阶谓词逻辑（first-order logic），经典规划问题（classical planning problem），状态变量规划问题（state variable planning problem），三种表达方式的性质（properties of the three representations），三种表达方式之间的比较（comparisons of the three representations）。

第四部分　经典规划的复杂性（2 学时）

- 概念：决定性问题（decision problem），语言识别问题（language recognition problem）。
- 内容：经典规划问题到语言识别问题的转化（translation of classical planning into language recognition problem），语言识别问题的复杂性（complexity of language recognition problems），复杂性类（complexity classes），规划的可决定性（decidability of planning）。

第五部分　状态空间规划（4 学时）

- 概念：状态空间规划（state space planning），正确性（soundness），完备性（completeness），前向搜索（forward search），后向搜索（backward search），搜索空间（search space），相关性（relevance），提升（lifting），提升后向搜索（lifted backward search），STRIPS 规划（STRIPS planning）。
- 内容：状态空间规划的目的（motivations for state space planning），前向搜索的正确性和完备性（soundness and completeness of forward search），后向搜索的正确性和完备性（soundness and completeness of backward search），前向搜索的分支因子（branching factor of forward search），后向搜索的效率（efficiency of backward search），block stacking 算法（block stacking algorithm），block stacking 算法的性质（properties of block stacking algorithm）。

第六部分　规划空间规划（4 学时）

- 概念：规划空间规划（plan space planning），最小约定策略（least-commitment strategy），缺陷（flaw），威胁（threat）。

- 内容：规划空间规划的目的（motivations for plan space planning），规划空间规划的基本思想（basic idea of plan space planning），PSP 进程（PSP procedure），PSP 进程的正确性和完备性（soundness and completeness of the PSP procedure），类 PSP 规划器（例如 POP、SNLP、UCPOP）。

第七部分 规划图技术（4 学时）

- 概念：Graphplan 算法（Graphplan algorithm），松弛问题（relaxed problem），规划图（planning graphs），互斥关系（mutual exclusion）。
- 内容：规划图技术的目的（motivations for planning graph techniques），基于 Graphplan 算法的规划系统（例如 IPP、STAN、GraphHTN、SGP、Blackbox、Medic、TGP、LPG），规划图的建立（construction of planning graphs），图扩展（graph expansion），解提取（solution extraction），与规划空间规划的对比（comparison with plan space planning）。

第八部分 命题可满足技术（4 学时）

- 概念：命题满足问题（propositional satisfiability problem），标准决策算法（standard decision procedure），模型（model），行为表示（action representation），框架公理（frame axioms）。
- 内容：规划问题到命题满足问题的编码（encoding of planning problems into propositional satisfiability problems），状态到命题表达式（states as propositional formulas），状态转换到命题表达式（state transitions as propositional formulas），规划问题到命题表达式（planning problems as propositional formulas），用可满足性解决规划问题（planning by satisfiability），Davis-Putnam 程式（Davis-Putnam procedure），Stochastic 程式（Stochastic procedure）。

第九部分 约束可满足技术（4 学时）

- 概念：约束满足问题（Constraint Satisfaction Problem，CSP），等价（equivalence），蕴涵（entailment），冗余（redundancy），一致性（consistency）。
- 内容：CSP 的解（solution to CSP），规划问题到 CSP（planning problem as CSP），规划问题到 CSP 的编码（encoding of planning problem into CSP），CSP 编码的分析（analysis of CSP encoding），CSP 技术和算法（CSP technique and algorithm），

CSP 的搜索算法（search algorithms for CSPs），过滤技术（filtering technique），本地搜索技术和混合方法（local search technique and hybrid approach），CSP 在规划空间搜索中的应用（CSPs in plan space search），CSP 在图规划技术的应用（CSPs for planning graph technique）。

第十部分　案例研究与应用（4 学时）

- 内容：空间应用（control of spacecraft），机器人规划（robotics），计算机辅助设计与制造（computer-aid design and manufacturing），应急疏散规划（emergency rescue operations），桥牌游戏（game of bridge）中的规则。

8.5 "启发式搜索与演化算法"教学大纲

■ 课程概要

课程编号	081200D70	学分	2	学时	32	开课学期	第七学期
课程名称	中文名：启发式搜索与演化算法 英文名：Heuristic Search and Evolutionary Algorithms						
课程简介	本课程是面向人工智能学院研究生及高年级本科生开设的专业主干课程，是人工智能专业的选修课程。该课程旨在使学生对启发式搜索和演化算法有较为全面的了解，了解基本问题，理解基本原理，掌握理论分析和算法设计的基本方法。						
教学要求	要求学生掌握传统启发式搜索（如 A* 搜索等）算法的基本原理和性质（如最优性、时间复杂度和空间复杂度等）；了解演化算法的起源及应用，掌握其基本原理及各个部件（如交叉和变异算子、选择机制等）的常见实现方式，并熟悉演化算法的一系列经典实现版本（如遗传算法、演化策略、演化编程等）；了解演化算法的理论研究历史及前沿进展，并掌握对其进行理论分析（尤其是时间复杂度分析）的基本方法；具备针对实际复杂优化问题（如多目标优化、约束优化等）设计高效演化算法的能力。						
教学特色	本课程教学内容覆盖全面，包括算法原理、理论分析、算法设计及算法应用等，每学期邀请一位青年学者做一次演化算法的前沿专题讲座（2 个学时），并通过设置 4 次各具特色的大作业（包括参加国际竞赛、前沿理论分析、针对前沿复杂问题的高效算法设计等），让同学们深刻全面地理解启发式搜索与演化算法的基本原理，熟练掌握这类算法的分析、设计与应用，同时让他们有机会体验科研的过程，提升他们的科研兴趣和信心。						
课程类型	☐ 专业基础课程　☐ 专业核心课程 ☑ 专业选修课程　☐ 实践训练课程						
教学方式（单选）	☑ 讲授为主　☐ 实验 / 实践为主　☐ 专题讨论为主 ☐ 案例教学为主　☐ 自学为主　☐ 其他（为主）						

（续）

授课语言（单选）	☑ 中文 ☐ 中文 + 英文（英文授课比例 %） ☐ 英文 ☐ 其他外语（ ）
考核方式（单选）	☑ 考试 ☐ 考查 ☐ 考试 + 考查 ☐ 其他（ ）
成绩评定标准	期末考试（占 40%），4 次大作业（每次占 15%，共占 60%）： • 设计最优游戏策略，旨在掌握传统启发式搜索算法。 • 参加演化计算重要国际会议发布的竞赛，旨在掌握演化算法。 • 分析演化算法时间复杂度，旨在掌握理论分析的基本方法。 • 针对前沿复杂问题设计高效演化算法，旨在提升解决实际问题的能力。 作业成绩按照提交作业的及时性、提交代码 / 理论的完整性、提交报告的写作质量、实验 / 理论结果的优劣评定。
教材及主要参考资料	[1] RUSSELL S J, NORVIG P. Artificial intelligence: A modern approach [M]. 4th ed. Pearson, 2021. [2] JONG K A D. Evolutionary computation: A unified approach [M]. MIT Press, 2016. [3] EIBEN A E, SMITH J E. Introduction to evolutionary computing [M]. 2nd ed. Springer, 2015. [4] NEUMANN F, WITT C. Bioinspired computation in combinatorial optimization: Algorithms and their computational complexity [M]. Springer, 2010. [5] ZHOU Z H, YU Y, QIAN C. Evolutionary learning: Advances in theories and algorithms [M]. Springer, 2019.
先修课程	人工智能导论、程序设计基础、概率论与数理统计、随机过程

✐ 大纲提供者：钱超

■ 教学内容（32 学时）

第一部分 传统启发式搜索算法（6 学时）

- 概念：搜索（search），树搜索（tree-search），图搜索（graph-search），宽度优先搜索（breadth-first search），一致代价搜索（uniform-cost search），深度优先搜索（depth-first search），深度受限搜索（depth-limited search），迭代加深的深度优先搜索（iterative deepening depth-first search），双向搜索（bidirectional search），启发式函数（heuristic function），贪婪最佳优先搜索（greedy best-first search），A* 搜索（A* search），递归最佳优先搜索（recursive best-first search），爬山法（hill-climbing search），模拟退火（simulated annealing），局部束搜索（local beam search），连续空间中的局部搜索（local search for continuous spaces）。
- 内容：介绍搜索问题的定义、关于问题复杂度的一些基本知识、搜索算法的两种模式、搜索算法的性能评价指标；介绍一系列经典无信息搜索算法的基本原理及其性能；介绍启发式函数的定义、一系列经典启发式搜索算法的基本原理及其性能、启发式函数的常见产生方式、启发式函数的优劣比较；介绍一系列经典局部搜索算法的基本原理及其性能。

第二部分　演化算法（8 学时）

- 概念：演化算法（evolutionary algorithm），二进制表示（binary representation），整数表示（integer representation），实数表示（real-valued representation），排列表示（permutation representation），树表示（tree representation），变异（mutation），交叉（recombination），父代选择（parent selection），生存选择（survival selection），种群多样性（population diversity），遗传算法（genetic algorithm），演化策略（evolutionary strategy），演化编程（evolutionary programming），遗传编程（genetic programming），差分演化（differential evolution），粒子群优化（particle swarm optimization），蚁群优化（ant colony optimization），分布估计算法（estimation of distribution algorithm）。
- 内容：介绍演化算法的起源、基本原理及其经典应用；介绍个体的各种表示方式及相应的具有代表性的变异和交叉算子；介绍常见的父代选择和生存选择策略以及维护种群多样性的常见方法；介绍演化算法的一系列经典版本及其适用场景。

第三部分　演化算法理论分析（8 学时）

- 概念：模式定理（schema theorem），马尔可夫链（Markov chain），收敛性（convergence），运行时间复杂度（running time complexity），期望（expectation），尾不等式（tail inequality），适应层分析（fitness level），漂移分析（drift analysis），加性漂移分析（additive drift analysis），乘性漂移分析（multiplicative drift analysis），负漂移分析（negative drift analysis），调换分析（switch analysis）。
- 内容：介绍刻画演化算法相邻代的种群变化的模式定理、演化算法的马尔可夫链建模方式、演化算法的两个基本理论性质（即收敛性和运行时间复杂度）、关于期望的一些基本知识以及一些常见的尾不等式（如马尔可夫不等式、切诺夫界等）、运行时间复杂度的分析案例；介绍分析演化算法运行时间复杂度的一系列经典方法及相应的分析案例，演化算法运行时间复杂度分析的重要结果，以及演化算法理论分析（主要是运行时间复杂度分析）的发展历程。

第四部分 演化算法设计及应用（10学时）

- 概念：多目标优化（multi-objective optimization），多目标演化算法（multi-objective evolutionary algorithm），约束优化（constrained optimization），罚函数（penalty function），随机排序（stochastic ranking），修复函数（repair function），解码函数（decoder function），二目标转化（bi-objective reformulation），代理模型（surrogate model），贝叶斯优化（Bayesian optimization）。
- 内容：介绍多目标优化的概念，以及求解多目标优化问题的经典演化算法，如NSGA-Ⅱ、SMS-EMOA、MOEA/D等；介绍约束优化的概念，演化算法处理约束的若干经典策略，如罚函数、随机排序、修复函数等，以及受理论结果启发产生的处理约束的一种有效策略，即二目标转化；介绍代理模型的概念，使用代理模型提升演化算法效率的常见方法，以及一种基于代理模型的经典优化方法，即贝叶斯优化；详细讲解针对某个重要实际问题设计高效演化算法的过程。

8.6 “高级优化”教学大纲

■ 课程概要

<table>
<tr><td>课程编号</td><td>081200B14</td><td>学分</td><td>3</td><td>学时</td><td>48</td><td>开课学期</td><td>第七学期</td></tr>
<tr><td rowspan="2">课程名称</td><td colspan="7">中文名：高级优化</td></tr>
<tr><td colspan="7">英文名：Advanced Optimization</td></tr>
<tr><td>课程简介</td><td colspan="7">本课程是人工智能专业重要的专业课程之一，将介绍与人工智能相关的优化方法与理论，为从事相关研究奠定基础。本课程面向人工智能学院研究生及高年级本科生，试图对现代优化领域的基本概念、理论与方法进行梳理和介绍，主要内容包括确定优化、随机优化、在线优化和赌博机优化四个方面。通过本课程的学习，使学生对现代优化技术，特别是机器学习相关的优化技术有全面的了解，掌握技术背后的数学原理，提高学生对人工智能问题的建模、求解和分析能力。</td></tr>
<tr><td>教学要求</td><td colspan="7">本课程的教学目标是使学生对现代优化有初步的认识，掌握常见的优化方法并了解其背后数学原理，并初步形成利用优化技术解决和分析真实世界人工智能特别是机器学习问题的思维方式。</td></tr>
<tr><td>教学特色</td><td colspan="7">围绕人工智能领域尤其是大规模机器学习中产生的真实需求，介绍相关的现代优化理论和方法，理论联系实际，内容兼顾基础知识与前沿进展。</td></tr>
<tr><td>课程类型</td><td colspan="7">☐ 专业基础课程 ☐ 专业核心课程
☑ 专业选修课程 ☐ 实践训练课程</td></tr>
<tr><td>教学方式
（单选）</td><td colspan="7">☑ 讲授为主 ☐ 实验/实践为主 ☐ 专题讨论为主
☐ 案例教学为主 ☐ 自学为主 ☐ 其他（为主）</td></tr>
</table>

（续）

授课语言（单选）	☑ 中文　☐ 中文 + 英文（英文授课比例 %） ☐ 英文　☐ 其他外语（ ）
考核方式（单选）	☑ 考试　☐ 考查 ☐ 考试 + 考查　☐ 其他（ ）
成绩评定标准	平时作业 + 出勤（占 40%），期末考试（占 60%）
教材及主要参考资料	[1] BUBECK S. Convex optimization: Algorithms and complexity [M]. Now Publishers Inc, 2015. [2] BECK A. First-order methods in optimization [M]. SIAM，2017. [3] HAZAN E. Introduction to online convex optimization [M]. 2nd ed. MIT Press，2021. [4] LATTIMORE T, SZEPESVÁRI C. Bandit algorithms [M]. Cambridge University Press，2021.
先修课程	数学分析、高等代数、概率论与数理统计、最优化方法导论

大纲提供者：赵鹏

■ 教学内容（48 学时）

第一部分　优化基本背景（2 学时）

- 概念：优化问题、目标函数、优化变量、约束、可行域、可行解、最小二乘、线性优化、非线性优化、凸优化、非凸优化、凸集合、凸函数、最优解、局部最优、全局最优、最优解的一阶条件、一阶方法、二阶方法、收敛性、收敛率。
- 内容：优化的基本术语、基本概念、问题划分、方法划分、评价指标等。

第二部分　无约束优化（4 学时）

- 概念：梯度、次梯度、梯度下降法、次梯度下降法、步长、线搜索、精确线搜索、非精确线搜索、镜像梯度下降、正则化项、布雷格曼散度、利普希兹连续、单步下降、强凸性、平滑性、加速法、Nesterov 加速法、一阶方法、二阶方法、海森矩阵、牛顿法、拟牛顿法、rank-1 更新、BFGS 方法、L-BFGS 方法、全局收敛、信赖域。
- 内容：梯度下降、次梯度下降、Nesterov 加速法、线搜索方法、收敛性分析。

第三部分　约束优化（3 学时）

- 概念：可行域、投影、约束项、投影梯度下降法、加速法、罚函数、等式约束、不等式约束、二次罚函数、外点罚函数、对数罚函数、精确罚函数、罚方法、拉格朗日函数、原问题、对偶问题、松弛变量、KKT条件、对偶间隙、强对偶、二次罚函数、增广拉格朗日函数、最优解、一致性。

- 内容：投影梯度下降法、罚函数法、增广拉格朗日函数法、收敛性分析。

第四部分 复合优化（3学时）

- 概念：复合目标函数、邻近算子、近端梯度法、一阶近似、二阶近似、近端点法、Moreau-Yosida正则化、FISTA算法。
- 内容：近端梯度法、近端点法、收敛率分析。

第五部分 随机优化（4学时）

- 概念：随机近似、样本均值近似、有限求和、全梯度、随机梯度、计算开销、噪声、随机梯度下降、损失函数、采样数据、经验风险最小化、一致收敛、收敛性、收敛率、期望界、大概率界、集中不等式。
- 内容：随机梯度下降法、收敛率分析。

第六部分 快速收敛的随机优化（3学时）

- 概念：平滑函数、加速法、方差、小批量、强凸函数、Epoch随机梯度下降、方差约简、梯度快照。
- 内容：方差约简法、收敛率分析。

第七部分 在线优化（6学时）

- 概念：在线凸优化框架、在线函数、可行域、投影、在线博弈、在线环境、对手、健忘对手、自适应（非健忘）对手、遗憾界、Hannan一致性、在线梯度下降、凸函数、步长设置、基于专家建议预测、Hedge算法及其变种、在线镜像下降法、正则化、KL散度、欧氏范数、FTRL算法、下界。
- 内容：在线凸优化、在线梯度下降、基于专家建议预测、在线镜像下降、遗憾界分析。

第八部分 具有对数遗憾的在线优化（3学时）

- 概念：强凸函数、指数凹函数、在线牛顿法、对数遗憾、半正定矩阵、替代损失、线性化、全局范数、局部范数、在线－离线转化。

- 内容：在线梯度下降、在线牛顿法、遗憾界分析、在线 - 离线转化。

第九部分　问题相关的在线优化（3 学时）

- 概念：AdaGrad、自适应界、平滑性、小损失界、梯度方差界、梯度变化界、在线超梯度下降、在线乐观镜像下降。
- 内容：问题相关在线算法、遗憾界分析。

第十部分　动态环境下的在线优化（3 学时）

- 概念：动态遗憾、自适应遗憾、静态遗憾、动态环境、对比序列、监测区间、在线集成、双层算法、基学习器、结合学习器、调度方案、步长池、区间覆盖、几何区间覆盖。
- 内容：在线集成、动态遗憾界算法及分析、自适应遗憾界算法及分析。

第十一部分　随机赌博机优化（6 学时）

- 概念：反馈、完全信息反馈、部分信息反馈、梯度信息反馈、赌博机反馈、赌博机模型、摇臂数、随机赌博机、多臂赌博机、线性赌博机、置信上界法、自正则集中不等式、鞅、超鞅、广义线性赌博机、连接函数、汤普森采样法。
- 内容：随机赌博机、置信上界法、遗憾界分析。

第十二部分　对抗赌博机优化（6 学时）

- 概念：对抗赌博机、重要性采样、Exp3 算法、下界、最坏情况最优界、在线镜像下降法、正则化、Tsallis 熵、期望遗憾界、大概率遗憾界、对抗线性赌博机、对抗凸赌博机、梯度估计、无偏估计、赌博机梯度下降法、FTRL 算法、正则化、自和谐罚函数、SCRiBLe 算法、局部范数、内点法。
- 内容：对抗赌博机、Exp3 算法、在线镜像下降法、赌博机梯度下降法、遗憾界分析。

第十三部分　动态环境下的赌博机优化（2 学时）

- 概念：非稳态多臂赌博机、非稳态线性赌博机、非稳态广义线性赌博机、滑窗法、折扣法、重启法、变化次数、路径长度、下界、Corral 算法、对抗赌博机动态遗憾、Fixed-Share 算法、在线集成。
- 内容：非稳态赌博机算法及遗憾界分析、对抗赌博机动态遗憾算法及分析。

8.7 “语音信号处理”教学大纲

■ 课程概要

课程编号	081200C13	学分	2	学时	32	开课学期	第七学期
课程名称	中文名：语音信号处理 英文名：Speech Signal Processing						
课程简介	得益于深度学习的快速发展，人工智能领域中的自动语音识别（ASR）和文本语音转换（TTS）方面都取得了巨大的进步。因而，基于语音的应用程序，如 Google voice search、Apple Siri、Google Assistant，已被广泛用于促进人和计算机系统的沟通。本课程将向学生介绍快速发展的语音处理及其应用领域。						
教学要求	课程结束后，学生应掌握语音信号处理的基本原理、传统的语音文本转换（STT）和文本语音转换（TTS）方法，以及基于端到端深度学习模型。在课程尾声，学生需要构建一个完整的基于语音的应用程序，如虚拟助手、语音搜索。						
教学特色	本课程包含基础和现代的语音应用构建技术。						
课程类型	☐ 专业基础课程　☐ 专业核心课程 ☑ 专业选修课程　☐ 实践训练课程						
教学方式（单选）	☑ 讲授为主　☐ 实验 / 实践为主　☐ 专题讨论为主 ☐ 案例教学为主　☐ 自学为主　☐ 其他（为主）						
授课语言（单选）	☐ 中文　☐ 中文 + 英文（英文授课比例 %） ☑ 英文　☐ 其他外语（ ）						
考核方式（单选）	☐ 考试　☐ 考查 ☐ 考试 + 考查　☑ 其他（ ）						
成绩评定标准	作业（占 40%），项目（占 60%）						
教材及主要参考资料	[1] RABINER L R, SCHAFER R W. Introduction to digital speech processing [M]. Now Publishers Inc, 2007. [2] GOLD B, MORGAN N, ELLIS D. Speech and audio signal processing: Processing and perception of speech and music [M]. 2nd ed. Wiley-interscience, 2011. [3] GALES M, YOUNG S. The application of hidden markov models in speech recognition [M]. Now Publishers Inc, 2008. [4] YU D, DENG L. Automatic speech recognition: A deep learning approach [M]. Springer, 2015.						
先修课程	数字信号处理、机器学习导论、自然语言处理						

✎ 大纲提供者：阮锦绣

■ 教学内容（32 学时）

第一部分　语音信号处理概论（4 学时）

- 内容：介绍语音信号处理、语音产生机制、语音转录、听力和听觉感知过程的基本概念，主要包括语音声波、基频、谐波、频谱图、共振峰、发声过程、浊音与清音、辅音与元音、国际音标（IPA）、音调、响度、关键频带。

第二部分　数字信号处理（4 学时）

- 内容：回顾数字信号处理的重要内容，并教授语音信号处理和表示的基础知识，主要包括基本信号（正弦信号、复指数、单位步长、单位脉冲信号）、线性和时不变系统、卷积、傅里叶分析、拉普拉斯和 z 变换。

第三部分　言语表征（4 学时）

- 内容：讨论如何表示基于语音的应用程序的语音信号，主要包括涵盖采样理论、量化、mu-law 量化、信量化噪声比、脉冲编码调制（PCM）、波形 PCM 文件格式、提取光谱图的短时傅里叶变换、mel 滤波器组和 mel 光谱图等主题。

第四部分　自动语音识别：传统模式（8 学时）

- 内容：介绍基于传统体系结构构建 ASR 模型的技巧，重点讨论传统 ASR 体系结构、ASR 评估、隐马尔可夫模型（HMM）及其三个问题（评估、解码、学习）、前向算法、维特比算法、强制对齐、高斯混合模型（GMM），以及用于语音识别的 HMM-GMM、语言模型、上下文相关电话和高级解码。

第五部分　神经 ASR（6 学时）

- 内容：研究基于现代深度学习的 ASR 方法，主要讨论深层神经网络（DNN）、混合 DNN-HMM 模型、上下文相关 DNN-HMM 模型（CD-DNN-HMM）、递归神经网络（RNN）模型、时间反向传播、LSTM 模型、CTC（连接主义时间分类）损失、深层语音、基于传感器的流式端到端语音识别模型（RNN-T）。

第六部分　文本到语音（6 学时）

- 内容：介绍传统和现代的语音合成方法，主要涵盖文本规范化、语音分析、韵律分析（基音 / 重音预测、F0 预测）、波形合成（共振峰合成、串联合成、基于 HMM 的参数合成）以及使用 Tacotron 2 的端到端语音合成等方法。

8.8 “概率图模型”教学大纲

■ 课程概要

课程编号	081200D62	学分	2	学时	32	开课学期	第七学期
课程名称	中文名：概率图模型 英文名：Probabilistic Graphical Models						
课程简介	概率图模型是人工智能领域内一大主要研究方向，作为构建于现代概率论和图论基础之上的一种新型机器学习方法，概率图模型已经初具体系。概率图模型由于其完善的理论基础，丰富的工具库以及广泛而快速的应用部署，在机器学习领域中始终占据着重要的地位。 本课程主要讲授概率图模型的基本理论和基本方法，承上启下，综合运用先修课程的各类知识，为后继课程打下坚实基础。 从有向图、无向图概率图模型实例入手，全面讲授概率图模型中的独立性、分离性、推断等重要概念，深入讲授 EM 等重要算法，并结合最新研究进展进行实例案例教学，以达到教学目标要求。						
教学要求	通过学习，学生应该达到如下水平： （1）能够熟练掌握 BN、UDG、EM、Inference 等基础理论和方法。 （2）了解高级模型设计方法。 （3）能够熟练使用常规优化技术训练、推断模型参数和变量。 （4）能够针对实际学习问题构建图模型，并能熟练推断、训练。						
教学特色	• 教学核心内容方面：着力培养学生根据具体情况具体应用，构造特定的概率图模型解决问题的能力。 • 教学形式方面：以讲授为主，但结合案例教学，鼓励学生随堂提出问题，进行概率图模型设计讨论，并运用已学习的知识加以建模解决。						
课程类型	☐ 专业基础课程　☐ 专业核心课程 ☑ 专业选修课程　☐ 实践训练课程						
教学方式（单选）	☑ 讲授为主　☐ 实验 / 实践为主　☐ 专题讨论为主 ☐ 案例教学为主　☐ 自学为主　☐ 其他（为主）						
授课语言（单选）	☑ 中文　☐ 中文 + 英文（英文授课比例 %） ☐ 英文　☐ 其他外语（ ）						
考核方式（单选）	☑ 考试　☐ 考查 ☐ 考试 + 考查　☐ 其他（ ）						
成绩评定标准	期末考试（占 40%），平时成绩（占 40%），能力训练（占 20%）						
教材及主要参考资料	［1］KOLLAR D, FRIEDMAN N. 概率图模型：原理与技术［M］. 王飞跃，林素青，译. 北京：清华大学出版社，2019.						
先修课程	机器学习导论、高级机器学习						

大纲提供者：詹德川

■ 教学内容（32 学时）

第一部分　简介、概率论知识复习（2 学时）

- 概念：概率分布、随机变量、联合分布、独立性、条件独立性、连续空间、期望和方差。
- 内容：常用概率分布、随机变量刻画、概率密度函数、累积分布函数、独立和条件独立的意义、各分布期望和方差的计算。

第二部分　贝叶斯网（2 学时）

- 概念：独立性、贝叶斯网、分离、分布图。
- 内容：随机变量独立性、条件参数化、朴素贝叶斯模型、图和分布、d- 分离、I- 等价、最小 I-map 等。

第三部分　无向图模型（2 学时）

- 概念：参数化、马尔可夫网、有向图、无向图、部分有向模型。
- 内容：马尔可夫网参数化方法、弦图、条件随机场、链图模型。

第四部分　贝叶斯网学习方法（2 学时）

- 概念：局部概率模型、模板表示、高斯网模型。
- 内容：CPD 表、混合模型、时序模型、多元高斯分布、高斯贝叶斯网、指数家族。

第五部分　推断、精确推断方法（2 学时）

- 概念：精确推理、近似推理、变量消除、条件作用、团树、消息传递等。
- 内容：变量消除法以及团树增强的变量消除法、消息传递法等。

第六部分　EM 算法（2 学时）

- 概念：似然模型、部分观测、参数估计等。
- 内容：期望最大化（EM）算法及相关示例。

第七部分　近似推断：采样（2 学时）

- 概念：前向采样、似然加权、蒙特卡罗法。

- 内容：贝叶斯网采样和误差分析、重要性采样、吉布斯采样、马尔可夫链、MCMC方法。

第八部分 近似推断：变分、指数家族（2学时）

- 概念：变分、指数家族再议、平均场。
- 内容：结构化变分近似、平均场变分近似、局部变分法和广义变分法。

第九部分 结构预测（2学时）

- 概念：结构学习、结构搜索、贝叶斯模型平均、局部结构学习。
- 内容：基于约束的贝叶斯结构学习框架、贝叶斯得分（结构得分）、树结构网络、模板学习模型。

第十部分 图模型学习（2学时）

- 概念：最大似然估计、贝叶斯网最大似然、参数估计、共享参数、泛化。
- 内容：优化学习、经验风险最小化、MLE、先验/后验分布、MAP、渐进性分析等。

第十一部分 推断方法：优化（2学时）

- 概念：能量泛函、不动点、置信传播、近似消息。
- 内容：能量泛函优化、不动点推理优化、置信传播扩展方法、近似消息传递和变分。

第十二部分 无向模型学习（2学时）

- 概念：似然函数、参数先验、正则化、替代目标。
- 内容：无向模型似然函数的定义、最大似然（参数）估计、局部先验和正则化、伪似然函数（替代似然函数）最大化及扩展方法、无向模型的结构学习等。

第十三部分 新技术及展望（4学时）

- 概念：预测、决策、效用、因果。
- 内容：拓展因果发现相关内容、拓展结构化决策相关内容等。

另有3节习题课（3学时）和1节综述评论课（1学时）。

8.9 “生物信息学”教学大纲

■ 课程概要

课程编号	081200D83	学分	2	学时	32	开课学期	第七学期
课程名称	中文名：生物信息学 英文名：Bioinformatics						
课程简介	生物信息学是一门崭新的、拥有巨大发展潜力的交叉学科。它以数学、计算机和人工智能等相关技术为核心，结合生物医学大数据，来解决生物医学研究中面临的挑战和问题，促进各科学共同发展。本课程涵盖了目前主流的第二代测序数据分析技术和未来可能引领潮流的单细胞测序数据分析技术，通过概念原理、技术实现和操作实践相结合的方法，为培养学生的科研分析能力，为未来的学习与科研打下坚实的基础。						
教学要求	本课程通过问题理解、算法分析和真实数据动手实践相结合的教学方法，让学生了解生物信息学的主要内容、研究方法和解决思路，要求学生掌握经典的计算方法并能够灵活运用常用的工具，且具备一定的自我探索和解决新问题的能力。						
教学特色	坚持理论和实践相结合、学习和研究相结合的教学特色。						
课程类型	□ 专业基础课程　□ 专业核心课程 ☑ 专业选修课程　□ 实践训练课程						
教学方式（单选）	☑ 讲授为主　□ 实验 / 实践为主　□ 专题讨论为主 □ 案例教学为主　□ 自学为主　□ 其他（为主）						
授课语言（单选）	☑ 中文　□ 中文 + 英文（英文授课比例 %） □ 英文　□ 其他外语（ ）						
考核方式（单选）	☑ 考试　□ 考查 □ 考试 + 考查　□ 其他（ ）						
成绩评定标准	平时作业 + 出勤（占 50%），期末考试（占 50%）						
教材及主要参考资料	[1] 樊龙江. 生物信息学［M］. 2 版. 北京：科学出版社，2021. [2] JAMES G. An introduction to statistical learning［M］. 2nd ed. Springer, 2021.						
先修课程	概率论与数理统计、人工智能程序设计、机器学习导论						

大纲提供者：张杰

■ 教学内容（32 学时）

第一部分　生物信息学简介（2 学时）

- 概念：第二代测序技术（next generation sequencing technology）及平台，生物应用，基本概念和挑战。
- 内容：技术发展历史，基因芯片和第二代测序技术，测序平台介绍，Illumina 和 SOLID 测序平台对比，RNA-Seq，DNA-Seq，全基因组测序，ChIP-Seq，生物应用，面临的挑战。

第二部分 生物信息学计算基础（2学时）

- 概念：Linux操作系统和常用命令，R编程基础。
- 内容：Linux操作系统，Linux常用命令，R语法介绍，常用的R包和Bioconductor简介，R图形与调试工具。

第三部分 RNA-Seq（2学时）

- 概念：RNA-Seq基本知识，RNA-Seq数据分析。
- 内容：RNA-Seq和Microarray对比，RNA-Seq样本做准备概述，fastq、sam、bam数据格式，Paired-ends和Single-ends数据对比，数据质量和测序深度，RNA-Seq比对，计算基因表达（RPKM、FPKM）。

第四部分 Short Read Mapping（2学时）

- 概念：测序片段比对映射（read mapping）算法及时间空间复杂度分析，比对工具。
- 内容：参照基因组（reference genome），测序片段（reads），多处映射（multiple mapping）和不精确映射（inexact matching），测序片段比对映射（read mapping）算法及时间空间复杂度分析（哈希表，前缀/后缀树，Burrows-Wheeler变换），比对工具（Bowtie，Bowtie2，BWA），比对结果评估。

第五部分 基因表达（2学时）

- 概念：基因表达计算概述，剪接点比对（splice junction alignment），转录组汇编（transcriptome assembling）。
- 内容：基因表达计算概述，RNA-Seq分析规范，剪接点（splice junction）和选择性剪接（alternative splicing），剪接点比对，转录组汇编，Tophat工具，Cufflinks工具，Scripture工具，工具间的对比。

第六部分 差异表达分析（2学时）

- 概念：差异表达分析（differential expression analysis）的原理、工具和应用。
- 内容：差异表达分析数据预处理、归一化（normalization）和质量控制（quality control），原理、差异表达分析工具（Cuffdiff、edgeR、DESeq），负二项式模型（negative binomial model），工具优缺点比较和实验应用。

第七部分 基因集富集分析（2学时）

- 概念：基因集富集分析（Gene Set Enrichment Analysis，GSEA）和单样本基因集

富集分析（single sample GSEA，ssGSEA）的原理、工具和应用。

- 内容：GO 和 KEGG 基因通路数据库介绍，GSEA 分析原理，GSEA 分析工具，ssGSEA 分析原理，ssGSEA 分析工具，注意事项和应用实践。

第八部分　亚型分析（2 学时）

- 概念：亚型（isoform）和选择性剪接（alternative splicing），亚型推测（isoform inference）原理、工具和应用。
- 内容：亚型，选择性剪接，亚型推测，Tophat 工具，Cufflinks 工具，Scripture 工具，IsoLasso 工具，CEM 工具，iReckon 工具，结果分析和应用。

第九部分　基因融合、等位基因表达和非编码 RNA（2 学时）

- 概念：基因融合（gene fusion）、等位基因表达（allele specific expression）和非编码 RNA（non-coding RNA）。
- 内容：基因融合的概念和导致基因融合的原因，发现基因融合的方法和工具（FusionSeq、deFuse、ShortFuse、FusionMap、TopHat-Fusion），等位基因表达及其意义，RNA 编辑（RNA editing），基于 RNA-Seq 的等位基因表达的方法，非编码 RNA（non-coding RNA）及其检测。

第十部分　DNA-Seq 和遗传学研究（2 学时）

- 概念：遗传变异体（genetic variants），遗传变异的研究历史，基于 DNA-Seq 的遗传变异研究。
- 内容：遗传变异体（genetic variants），研究遗传变异的意义，单核苷酸多态性（Single Nucleotide Polymorphisms，SNP），遗传变异的研究历史，全基因组关联研究（Genome-Wide Association Studies，GWAS），基于 DNA-Seq 的遗传变异研究。

第十一部分　Variant Call 和 Variant Annotation（2 学时）

- 概念：Variant Call 和 Variant Annotation。
- 内容：序列精确对齐（sequence refined alignment），局部调整（Local realignment），质量调整（quality recalibration），变体识别（variant identification），VCF（Variant Call Format），GATK，Binomial-Binomial 模型工具 SNVer，Variant Call 结果的过滤处理，变体注释（variant annotation）和功能预测（functional prediction），

同义变体（synonymous variant）和非同义变体（non-synonymous variant），遗传变异的功能注释工具ANNOVAR。

第十二部分 单细胞测序（scRNA-Seq）（2学时）

- 概念：单细胞RNA测序（scRNA-Seq）技术、平台和应用介绍。
- 内容：单细胞测序技术、平台和数据特性介绍，10X Genomics数据处理流程，dropout现象，插补方算法（Imputation）。

第十三部分 细胞类型识别和注释（3学时）

- 概念：scRNA-Seq数据聚类分析，差异表达基因分析，细胞类型识别和注释。
- 内容：scRNA-Seq数据规范化，数据降维，细胞聚类，差异表达基因分析，细胞类型识别和注释，UMAP和tSNE可视化。

第十四部分 细胞轨迹分析（3学时）

- 概念：细胞轨迹推理（Trajectory Inference）算法和应用。
- 内容：细胞轨迹推理算法，基于细胞轨迹的时间动态基因识别（temporally dynamic genes identification）和全局谱系结构识别（global lineage structure identification），多轨迹（multiple trajectories）问题研究。

第十五部分 生物信息学技术发展总结和展望（2学时）

- 概念：生物信息学经典技术总结和正在涌现的新技术介绍和展望
- 内容：生物信息学经典技术总结，基于RNA-Seq的技术和基于scRNA-Seq的技术，新涌现的技术介绍（例如Slide-Seq v2和CITE-seq）和新技术的应用展望。

8.10 “异常检测与聚类”教学大纲

■ 课程概要

课程编号	081200D77	学分	2	学时	32	开课学期	第七学期
课程名称	中文名：异常检测与聚类						
	英文名：Selected Topics in Anomaly Detection and Clustering						
课程简介	本课程将带领学生深入了解选定的异常检测和聚类研究的主题及关键思想、算法和优缺点。它能丰富学生在处理大规模和高维数据集方面的最新知识。问题领域包括复杂的数据对象，如图表、网络、时间序列和轨迹。						

（续）

教学要求	学生需要探索每个算法的优点和缺点，并在异常检测和聚类的方法或应用中审视他们的研究问题。
教学特色	本课程采用翻转课堂的教学方法，鼓励学生批判性地审视现有的算法。
课程类型	☐ 专业基础课程　☐ 专业核心课程 ☑ 专业选修课程　☐ 实践训练课程
教学方式（单选）	☐ 讲授为主　☐ 实验 / 实践为主　☑ 专题讨论为主 ☐ 案例教学为主　☐ 自学为主　☐ 其他（为主）
授课语言（单选）	☐ 中文　☐ 中文 + 英文（英文授课比例 %） ☑ 英文　☐ 其他外语（ ）
考核方式（单选）	☐ 考试　☐ 考查 ☑ 考试 + 考查　☐ 其他（ ）
成绩评定标准	平时成绩（占 20%），实践（占 40%），期末考试（占 40%）
教材及主要参考资料	这门课没有教科书，以下是提供基本概念的参考书： [1] AGGARWAL C C. Data mining: The textbook [M]. Springer，2015. 另外要求学生在学期内阅读论文。
先修课程	最好已完成数据挖掘或机器学习的初级课程，但不是必需的。

大纲提供者：陈开明

■ 教学内容（32 学时）

第一部分　绪论（2 学时）

- 概念：不同类型的相似度度量（依赖于数据对比独立于数据）；复杂结构数据（如图形、网络、时间序列和轨迹）之间的相似度。
- 内容：独立于数据的度量问题和处理这些问题的方法；在任务中选择相似度度量方法的重要性。

第二部分　异常检测（14 学时）

- 概念：异常检测器的类别、异常的定义、异常面挖掘（outlying aspect mining）、学习曲线、理想异常检测器的特征、高维异常检测器、点导向问题与非点导向问题、点异常与群异常；时间序列和轨迹的嵌入方法。
- 内容：目前对现有异常检测器的比较研究，它们的局限性，以及必要的比较研究；影响表现评估的因素；点和群异常检测的核均值嵌入；选择的研究论文包括基于隔离和基于分布的方法、深度学习异常检测；处理图、网络、时间序列和轨迹。

第三部分 聚类（14学时）

- 概念：聚类算法的分类，聚类的定义，图和网络的嵌入方法，如Weisfeiler-Lehman变换及其与图神经网络的关系；基于分布式核和基于深度学习的聚类方法。
- 内容：对k-均值、谱聚类和密度聚类等经典聚类算法的优缺点进行概念比较；展开比较研究，探讨不清楚聚类定义的影响；选择的研究论文包括线性时间聚类算法、层次聚类、深度学习聚类；处理图、网络、时间序列和轨迹的聚类。

第四部分 研究问题（2学时）

- 内容：探讨异常检测和聚类中不同的研究问题。

8.11 "机器学习理论研究导引"教学大纲

■ 课程概要

课程编号	081200C04	学分	2	学时	32	开课学期	第八学期
课程名称	中文名：机器学习理论研究导引 英文名：Introduction to the Theory of Machine Learning						
课程简介	本课程是人工智能学院的专业选修课程之一，使学生对机器学习理论的基本知识、概念、工具和方法有深刻的理论认识，不断提高分析问题和解决问题的能力。						
教学要求	要求学生掌握机器学习理论的基本知识和思想，对机器学习算法的分析有更深入的理解；提高学生在机器学习理论方面的素养、思维和逻辑推理能力，能够使用机器学习理论中的工具分析学习任务的困难本质，为学习算法提供理论保证，并根据分析结果指导算法设计。						
教学特色	由浅入深、结合实践、举一反三。						
课程类型	□ 专业基础课程 □ 专业核心课程 ☑ 专业选修课程 □ 实践训练课程						
教学方式（单选）	☑ 讲授为主 □ 实验/实践为主 □ 专题讨论为主 □ 案例教学为主 □ 自学为主 □ 其他（为主）						
授课语言（单选）	☑ 中文 □ 中文+英文（英文授课比例%） □ 英文 □ 其他外语（ ）						
考核方式（单选）	□ 考试 □ 考查 ☑ 考试+考查 □ 其他（ ）						
成绩评定标准	平时作业、期末作业/考试						

（续）

教材及主要参考资料	［1］周志华，王魏，高尉，张利军. 机器学习理论导引［M］. 北京：机械工业出版社，2020. ［2］MOHRI M, ROSTAMIZADEH A, TALWALKAR A. Foundations of machine learning［M］. 2nd ed. MIT Press, 2018. ［3］SHWARTZ S S, DAVID S B. Understanding machine learning: From theory to algorithms［M］. Cambridge University Press, 2014.
先修课程	机器学习导论、高级机器学习

大纲提供者：王魏

教学内容（32 学时）

第一部分　预备知识（2 学时）

- 概念：凸集（convex set），凸函数（convex function），梯度（gradient），强凸函数（strongly-convex function），利普希茨连续（Lipschitz continuous），光滑（smooth），共轭函数（conjugate function），集中不等式（concentration inequality），凸优化（convex optimization），主问题（primal problem），对偶问题（dual problem），弱对偶性（weak duality），强对偶性（strong duality），KKT 条件（Karush-Kuhn-Tucker condition），支持向量机（support vector machine）。
- 内容：凸集和凸函数，重要不等式，最优化基础，支持向量机，核支持向量机。

第二部分　可学性（2 学时）

- 概念：样本集（dataset），独立同分布（independent and identically distributed），泛化误差（generalization error），经验误差（empirical error），概念（concept），概念类（concept class），假设（hypothesis），假设类（hypothesis space），可分（separable），不可分（non-separable），概率近似正确（Probably Approximately Correct，PAC），PAC 可学（PAC learnable），PAC 学习算法（PAC learning algorithm），样本复杂度（sample complexity），恰 PAC 可学（properly PAC learnable），不可知学习（agnostic learning）。
- 内容：基本概念，PAC 学习理论，不同可学性的定义，布尔合取式的学习，3-DNF 与 3-CNF 的学习，轴平行矩形的学习。

第三部分　复杂度（4 学时）

- 概念：增长函数（growth function），对分（dichotomy），打散（shattering），VC

维（VC dimension），Natarajan 维（Natarajan dimension），Rademacher 随机变量（Rademacher random variable），经验 Rademacher 复杂度（empirical Rademacher complexity），Rademacher 复杂度（Rademacher complexity）。

- 内容：增长函数的定义和性质，VC 维的定义，简单假设类的 VC 维，VC 维和增长函数的关系，Rademacher 复杂度的定义，Rademacher 复杂度和增长函数的关系，常见假设类的复杂度分析。

第四部分 泛化界（4 学时）

- 概念：泛化误差上界（generalization error upper bound），泛化误差下界（generalization error lower bound），经验风险最小化（Empirical Risk Minimization，ERM）。
- 内容：有限假设空间的泛化误差上界，有限 VC 维假设空间的泛化误差上界，基于 Rademacher 复杂度的泛化误差上界，可分和不可分情形下的泛化误差下界。

第五部分 稳定性（4 学时）

- 概念：均匀稳定性（uniform stability），假设稳定性（hypothesis stability），支持向量回归（Support Vector Regression，SVR），k- 近邻（k-Nearest Neighbour，kNN）。
- 内容：稳定性的定义，稳定性和泛化性，稳定性和可学性，支持向量机的稳定性，支持向量回归的稳定性，岭回归的稳定性，k- 近邻的稳定性。

第六部分 一致性（4 学时）

- 概念：贝叶斯最优分类器（Bayes optimal classifier），贝叶斯风险（Bayes' risk），一致性（consistency），替代函数（surrogate function），替代泛化风险（surrogate generalization risk），替代经验风险（surrogate empirical risk），替代函数一致性（surrogate function consistency），划分机制（splitting mechanism），划分机制一致性（splitting mechanism consistency）。
- 内容：贝叶斯分类器的定义，一致性的定义，替代函数与替代函数一致性，一致性的判别条件，划分机制一致性及其判别条件，支持向量机的替代函数一致性，随机森林的划分机制一致性。

第七部分 收敛率（4 学时）

- 概念：收敛率（convergence rate），梯度下降（Gradient Descent，GD），随机梯

度下降（Stochastic Gradient Descent，SGD），迭代复杂度（iteration complexity），确定优化（deterministic optimization），随机优化（stochastic optimization），阶段随机梯度下降（epoch-SGD），次梯度（sub-gradient）。

- 内容：优化问题和优化算法，收敛率和迭代复杂度，梯度下降求解确定凸优化问题的收敛率，梯度下降求解确定强凸优化问题的收敛率，随机梯度下降求解随机凸优化问题的收敛率，阶段随机梯度下降求解随机强凸优化问题的收敛率，优化支持向量机的收敛率，优化对率回归的收敛率。

第八部分　遗憾界（4 学时）

- 概念：遗憾（regret），在线学习（online learning），完全信息在线学习（full information online learning），赌博机在线学习（bandit online learning），在线凸优化（online convex optimization），在线梯度下降（online gradient descent），多臂赌博机（Multi-Armed Bandits，MAB），探索（exploration），利用（exploitation），线性赌博机（linear bandit）。
- 内容：在线学习与遗憾，在线凸优化问题，在线梯度下降求解在线凸优化问题的遗憾界，在线梯度下降求解在线强凸优化问题的遗憾界，多臂赌博机问题，求解多臂赌博机问题的置信上界算法及其遗憾界，线性赌博机问题，求解线性赌博机问题的置信上界算法及其遗憾界，凸赌博机问题，在线支持向量机问题，对率赌博机问题。

习题课（4 学时）

- 内容：教材《机器学习理论导引》第 1 ～ 8 章课后习题的讲解。

8.12 “智能系统设计与应用”教学大纲

■ 课程概要

课程编号	081200B13	学分	2	学时	32	开课学期	第八学期
课程名称	中文名：智能系统设计与应用						
	英文名：The Design and Applications of Intelligent System						
课程简介	本课程是人工智能学院的专业选修实践课程。课程包括大量实际案例，讲解如何使用机器学习模型在各领域中的应用案例。						

（续）

教学要求	学习本课程后，要求学生到达以下要求： （1）了解多领域业务流程，掌握分析和解决问题的机器学习技术。 （2）了解智能系统的典型应用，分析设计和实现一个简易的智能系统。
教学特色	• 教学核心内容方面：着力培养学生根据具体情况具体应用，构造特定模型解决问题的能力。 • 教学形式方面：主要结合案例教学，鼓励学生随堂提出问题，并运用已学习的知识加以建模来解决问题。
课程类型	☐ 专业基础课程 ☐ 专业核心课程 ☑ 专业选修课程 ☐ 实践训练课程
教学方式（单选）	☑ 讲授为主 ☐ 实验 / 实践为主 ☐ 专题讨论为主 ☐ 案例教学为主 ☐ 自学为主 ☐ 其他（为主）
授课语言（单选）	☑ 中文 ☐ 中文 + 英文（英文授课比例 %） ☐ 英文 ☐ 其他外语（ ）
考核方式（单选）	☑ 考试 ☐ 考查 ☐ 考试 + 考查 ☐ 其他（ ）
成绩评定标准	期末考试（占 100%）
教材及主要参考资料	课程讲义
先修课程	机器学习导论、高级机器学习、数学类基础课程、人工智能程序设计

大纲提供者：詹德川

■ 教学内容（32 学时）

第一部分　移动视频聊天应用中的准实时背景替换机器学习解决方案（4 学时）

- 内容：机器学习用于视觉外插稳定性的问题，非机器学习解决方案及其局限性，光流法跟踪问题，边界重构问题，跟踪点和重构点的选择，稀疏学习及效率方面的考虑。

第二部分　多示例多标记学习在游戏道具推荐中的解决方案（3 学时）

- 内容：多示例多标记学习，游戏道具推荐的业务特殊性，上下文相关复杂联系建模，长距离影响联系建模，道具角色依赖联系建模，语义概念漂移建模，三种实现变体。

第三部分　极地海冰现报和导航助手机器学习解决方案（4 学时）

- 内容：基于块区域的海冰现报机器学习模型的构建，数据集的预处理和数据整理，正例样本选择和 PU 学习，近似 Rank 评分特征的抽取，像素级海冰现报概率评估方法，时空统一处理解决方案，系统设计与其他考虑。

第四部分　基于集成学习的高速传动机械故障诊断解决方案（3 学时）

- 内容：多源数据通道和相关处理技术，文本和图像数据的 OCR 以及预处理，基于振动传感器的特征抽取和现实意义，集成学习技术简介，模型迁移和重用，效果评估方法。

第五部分　华为水晶语音通话解决方案（3 学时）

- 内容：水晶语音项目背景，数据预处理，时序建模，Bi-LSTM，多示例深度学习，迁移学习，LDL 概率建模，生成式建模和可迁移评估等。

第六部分　分布式模型重用解决方案（3 学时）

- 内容：局部训练和服务器训练，重排不变性相关工作，最优传输理论。

第七部分　距离度量和相似度解决方案（4 学时）

- 内容：距离度量的种类，特定应用设计的距离度量，距离度量学习，特定度量学习，自适应距离度量及其学习方法。

第八部分　多模态学习及其应用（4 学时）

- 内容：多模态学习简述，强弱模态学习技术及特征抽取，固定模型重用，模型模态学习技术，隐私保护和多模态学习，面向隐私保护场景的分布式多模态信息融合技术。

第九部分　强化学习及其应用（4 学时）

- 内容：强化学习间接，MP、MRP、MDP 等，策略评估和策略优化，贝尔曼方程，强化学习中的优化技术，分层强化学习技术，数据驱动的模拟环境搭建和强化学习系统，应用范例 1，应用范例 2，应用范例 3。

8.13 “符号学习”教学大纲

■ 课程概要

课程编号	081200D76	学分	2	学时	32	开课学期	第八学期
课程名称	中文名：符号学习						
	英文名：Symbolic Machine Learning						

（续）

课程简介	本课程是人工智能专业的专业选修课程之一。符号学习是机器学习与知识表示的交叉学科，是符号主义人工智能的重要组成部分。本课程将以逻辑归纳理论为脉络，梳理符号学习的基本概念和方法，并介绍常用的符号学习工具。
教学要求	要求学生掌握符号学习的基本理论和常用算法，能够熟练使用逻辑程序、概率逻辑程序等程序语言以及相关符号学习工具，学会利用逻辑归纳理论对学习问题和领域知识进行形式化；深入理解符号学习和符号主义人工智能的内涵，并认识它们的优势和局限。
教学特色	以领域发展历程为线索，兼顾传统方法与最新成果，深入浅出，拓宽视野。
课程类型	☐ 专业基础课程　☐ 专业核心课程 ☑ 专业选修课程　☐ 实践训练课程
教学方式（单选）	☑ 讲授为主　☐ 实验 / 实践为主　☐ 专题讨论为主 ☐ 案例教学为主　☐ 自学为主　☐ 其他（为主）
授课语言（单选）	☑ 中文　☐ 中文 + 英文（英文授课比例 %） ☐ 英文　☐ 其他外语（ ）
考核方式（单选）	☐ 考试　☑ 考查 ☐ 考试 + 考查　☐ 其他（ ）
成绩评定标准	平时作业 + 出勤（占 40%），课程报告（占 60%）
教材及主要参考资料	[1] RAEDT L D. Logical and relational learning [M]. Springer, 2008. [2] LLOYD J W. Foundations of logic programming [M]. Springer, 1984. [3] RAEDT L D, FRASCONI P, KERSTING K, et al. Probabilistic inductive logic programming [M]. Springer, 2008. [4] 王国俊. 非经典数理逻辑与近似推理 [M]. 2 版. 北京：科学出版社，2008.
先修课程	离散数学、数理逻辑、概率论与数理统计、机器学习导论

大纲提供者：戴望州

■ 教学内容（32 学时）

第一部分　命题规则学习（4 学时）

- 概念：命题逻辑规则（propositional logic rule），布尔公式（Boolean formulas），样本覆盖（coverage），离散化（discretization），充分特征集（sufficient feature set），序贯覆盖算法（sequential covering），特化（specialization），泛化（generalization），自顶向下搜索（top-down search），自底向上搜索（bottom-up search），精化算子（refinement operator），PN- 图（PN-Graph），打分函数（scoring function）及打分函数的协调性（compatibility），剪枝（pruning）。
- 内容：命题规则学习算法（自顶向下特化与自底向上泛化）；命题规则集学

习算法（序贯覆盖算法）；规则学习的评价指标，如准确率、赋权相对准确率（weighted relative accuracy）、拉普拉斯平滑、m 估计；打分函数的协调性与等价类；减错剪枝（REP）算法；迭代减错剪枝（IREP）算法，IREP* 算法；CN2 算法；RIPPER 算法；FOIL 以及 FOIL 信息增益（FOIL gain）；命题规则学习与决策树的比较；命题规则的知识表达能力。

第二部分 归纳逻辑程序设计（12 学时）

- 概念：谓词逻辑（predicate logic），一阶逻辑规则（first-order logic rule），可满足性（satisfiability），完备性（completeness），可靠性（soundness），谓词逻辑的语构（syntax）与语义（semantics），演绎（deduction）、归纳（induction）与反绎（abduction），Horn 子句（Horn clause），逻辑程序（logic program），Prolog 语言，归结原理（resolution principle），SLD- 归结（SLD-resolution），最小埃尔布朗模型（Least Herbrand Model，LHM），格（lattice），不动点定理（fixed point theoreom），合一（unification）与替换（substitution），一阶逻辑泛化（first-order logical generalization），最大一般合一（most general unification），最小一般泛化（least general generalization），相对最小一般泛化（relative least-general generalization），饱和规则（saturation rule），底子句（bottom clause），实质蕴涵（material implication），逆语构蕴涵（inverse implication），语义蕴涵（entailment），逆语义蕴涵（inverse entailment），逆归结（inverse resolution），谓词发明（predicate invention），元解释器（meta-interpreter），元规则（meta-rule），元解释学习（Meta-Interpretive Learning，MIL）。
- 内容：谓词逻辑的语构和语义，布尔代数，Prolog 语言，基于 SLD- 归结的 Horn 子句推理；一阶逻辑归纳理论，最大一般合一 /（相对）最小一般泛化、归结 / 逆归结、语构蕴涵 / 逆语构蕴涵以及语义蕴涵 / 逆语义蕴涵；一阶逻辑规则搜索空间的复杂度分析；一阶归纳理论的可靠性与完备性证明；一阶归纳理论对应的算法，包括 Golem、DUCE、Cigol、逆归结算法、逆语构蕴涵算法、逆语义蕴涵与 Progol 算法；降低搜索复杂度的精化算子与模式声明；精化算子的有效性与完备性；元解释学习算法与工具，递归规则归纳，谓词发明。

第三部分 概率逻辑程序学习（12 学时）

- 概念：近似推理（approximate reasoning），非经典逻辑（non-classical logic），多值逻辑系统（many-valued logic），模糊集（fuzzy set），模糊逻辑（fuzzy logic），

Zadeh的模糊逻辑合成推理方法（compositional rule of inference），三角范数（t-norm），泛代数（universal algebra），型（type），赋值系统（valuation system），公式的真度（truth degree），准重言式（quasi-tautology），蕴涵算子（implication operator），概率逻辑（probabilistic logic），概率事实（probabilistic fact），可能世界（possible worlds），概率逻辑规划（probabilistic logic program），分布语义（distribution semantics），基于知识的模型构建（knowledge-based model construction），马尔可夫逻辑（Markov logic），ProbLog，带权模型计数（weighted model counting），参数学习（parameter learning），伪似然（pseudo-likelihood），结构学习（structure learning）。

- 内容：近似推理与非经典逻辑简介，三值逻辑、多值逻辑与模糊逻辑的推理方法；泛代数的基本概念，形式语言的代数结构，自由代数与赋值格以及它们之间的同态映射，布尔代数的直接延拓，准重言式的存在性，非经典逻辑的公理系统；概率逻辑系统，基于知识的模型构建与Halpern的概率逻辑系统；贝叶斯网、马尔可夫网与马尔可夫逻辑，统计关系模型中的概率推断；概率逻辑程序以及ProbLog，概率逻辑程序的推理；基于最大似然和EM的参数估计方法，基于梯度下降的参数估计方法；基于独立性检验的结构学习方法，基于归纳逻辑程序设计以及FOIL的结构学习方法。

第四部分　神经－符号学习（4学时）

- 概念：自动程序合成（program synthesis），可微构件（differentiable components），可微分编程（differentiable programming），嵌入式表示（embedding representation），前向链推理（forward chaining），组合泛化（compositional generalization），深度Problog（Deep ProbLog），反绎学习（abductive learning）。
- 内容：神经－符号学习系统（neural-symbolic learning system）的基本思想与方法，包括早期的神经网络中的规则抽取（rule extraction）和使用逻辑知识进行结构初始化的神经网络（KBANN、C-IL2P以及CILP++）等；基于嵌入式表示的一阶逻辑规则学习的基本思想与方法，神经张量网络（Neural Tensor Network，NTN）、逻辑张量网络（Logic Tensor Network，LTN）与神经理论证明器（Neural Theorem Prover）等；引入可微构件的归纳逻辑程序设计/概率逻辑程序的基本思想与方法，如partial ILP与Deep ProbLog等；基于强化学习和命题化的神经逻辑机（Neural Logical Machine）；反绎学习框架的基本思想与方法。

8.14 “博弈论及其应用”教学大纲

■ 课程概要

课程编号	081200B12	学分	3	学时	32	开课学期	第八学期
课程名称	中文名：博弈论及其应用 英文名：Game Theory and Applications						
课程简介	本课程向学生介绍博弈论的基本概念及其在人工智能中的应用。主要内容包括纳什均衡、占优策略均衡、混合策略、理性化、迭代消除法、子博弈完美纳什均衡、博弈树搜索、无名氏定理、库恩定理、一致性、序列均衡等。						
教学要求	（1）博弈论的基本概念。 （2）熟悉博弈论理论的数学推理与严格证明技术。 （3）运用所掌握的方法具体解决人工智能所遇到的各种问题。						
教学特色	本课程阐释博弈论的基本理论和方法，理论和方法相结合，强调博弈论在人工智能中的应用价值，提高运用博弈论知识解决实际问题的能力。 （1）在教学内容上强调博弈论的理论体系，兼顾人工智能前沿研究的新技术。 （2）在教学方法上传授知识与培养能力并重，重视解决问题、编程实现等动手环节，要求学生分组学习讨论前沿研究方向。						
课程类型	☐ 专业基础课程　☐ 专业核心课程 ☑ 专业选修课程　☐ 实践训练课程						
教学方式（单选）	☑ 讲授为主　☐ 实验 / 实践为主　☐ 专题讨论为主 ☐ 案例教学为主　☐ 自学为主　☐ 其他（为主）						
授课语言（单选）	☑ 中文　☐ 中文＋英文（英文授课比例 %） ☐ 英文　☐ 其他外语（ ）						
考核方式（单选）	☑ 考试　☐ 考查 ☐ 考试＋考查　☐ 其他（ ）						
成绩评定标准	期中考试＋平时作业＋出勤（占 40%），期末考试（占 60%）						
教材及主要参考资料	[1] OSBORNE M J, RUBINSTEIN A. A course in game theory [M]. MIT Press, 1994. [2] NISAN N, ROUGHGARDEN T, TARDOS E. Algorithmic game theory [M]. Cambridge University Press, 2007.						
先修课程	数学分析（一）、数学分析（二）、高等代数（一）、高等代数（二）、概率论与数理统计						

大纲提供者：高尉

■ 教学内容（32 学时）

第一部分　绪论（2 学时）

- 概念：博弈论（game theory），博弈玩家（player），策略（strategy），信息（information），

理性（ration），收益矩阵（payoff）。

- 内容：博弈的要素，囚徒困境，博弈的类型，博弈论的历史，Nim 博弈，海盗分金博弈。

第二部分 完全信息的策略式博弈（8学时）

- 概念：策略式博弈（strategy game），纳什均衡（Nash equilibrium），最优反应函数（best response），纯策略（pure strategy），混合策略（mixed strategy），占优策略（dominated strategy），严格占优策略（strictly dominated strategy），理性化（rationalizability），二人零和博弈（two-persons zeros-sum game），相关均衡（correlated equilibrium）。
- 内容：策略式博弈的定义，纳什均衡的定义及其求解步骤，三人博弈的纳什均衡求解，对收益矩阵纳什均衡求解，连续博弈模型的纳什均衡求解，二人/多人古诺模型及其求解，纳什定理，混合策略纳什均衡求解，连续博弈纳什均衡存在性研究，最大化最小原理，如何将二人零和博弈转化为线性规划问题，如何求解相关均衡。

第三部分 非完全信息的策略式博弈（2学时）

- 概念：贝叶斯博弈（Bayes game），贝叶斯纳什均衡（Bayes Nash equilibrium）。
- 内容：非完全信息的策略式博弈的数学问题归纳，贝叶斯博弈的定义，计算贝叶斯博弈的收益，求解非完全信息的最优反应函数，计算贝叶斯纳什均衡，常见连续性贝叶斯博弈，如非完全信息的第一高价格拍卖，非完全信息的古诺竞争模型。

第四部分 完全信息的扩展式博弈（4学时）

- 概念：扩展式博弈（extensive game），动态博弈（dynamic game），博弈树（game tree），历史集（history set），最终历史（terminal history），子博弈（sub-game）。
- 内容：扩展式博弈的定义，类型，纯策略，纳什均衡及其求解，诱导收益矩阵，子博弈的定义，子博弈完美均衡定义、求解及存在性定理，单步偏离，后向归纳，最后通牒博弈，讨价还价博弈，主从博弈。

第五部分 棋类博弈（4学时）

- 概念：最大最小博弈树（maximum game tree），评估函数（evaluation function），

α-β 剪枝（α-β pruning）。

- 内容：最大最小博弈树的定义及其适用的问题，二人棋类博弈与博弈树搜索关系，最大化最小算法，评估函数的定义及其用途，α-β 剪枝算法及有效性分析，蒙特卡罗随机采样。

第六部分　非完全信息的扩展式博弈（8 学时）

- 概念：信息集（information set），完美回忆（perfect recall），非完美回忆（imperfect recall），贝叶斯一致性（Bayes consistency），一致性（consistency），行为策略（behavior strategy），序列均衡（sequential equilibrium）。
- 内容：非完全信息扩展式博弈的数学形式化及其博弈树表示，纯策略，纳什均衡，子博弈完美均衡，策略式博弈与非完全信息博弈的等价性，完美回忆的定义及其性质，行为策略与混合策略的区别与联系，子博弈，子博弈完美均衡，信念与行为策略的关系，序列理性与序列均衡，信号传递博弈。

第七部分　重复博弈（4学时）

- 概念：重复博弈（repeated game），折扣因子（discount factor）。
- 内容：重复博弈的定义与数学形式化，折扣因子的意义，如何求解无限博弈的子博弈完美均衡与纳什均衡，无名氏定理，有限重复博弈的纳什均衡和子博弈完美均衡。

CHAPTER9
第9章

暑期课程教学大纲

■ 课程概要

中文课程名称	程序设计实训（一）、程序设计实训（二）
英文课程名称	Programming Training 1，2
课程修读学生	修读学生专业：人工智能专业 修读学生年级：程序设计实训（一）面向大一学生，程序设计实训（二）面向大二学生
课程考核方式	机考：通过上机程序设计测验进行课程考核。
课程开设必要性论述	人工智能算法的设计与实现需要较强的程序设计能力作为基础支撑。在目前的人工智能专业课程体系中，程序设计和编程实践类课程较少，造成学生的程序设计能力相对薄弱，不利于培养学生的计算思维，以及后续人工智能课程的学习。本课程旨在通过密集的算法训练和编程实践来提升学生的程序设计和问题求解能力，进而提升学生的人工智能专业素养，最终达到人才培养的目标。
课程育人目标	培养学生的计算思维，为提升学生的人工智能素养奠定基础。
课程教学目标	强化学生的程序设计、编程实践和问题求解能力。

大纲提供者：吴震

研究生课程体系

课程类别	课程名称	课程编号	课程英文名称	学分	是否必修	备注
A	硕士生英语	10284A001	English courses for Master Candidates	4	是	
A	中国特色社会主义理论与实践研究	10284A002	Study on the Theory and Practice of Socialism with Chinese Characteristics	2	是	
A	马克思主义经典著作选读	10284A003	Selected Readings of Marxist Classics	1	是	三选一
A	马克思主义与社会科学方法论	10284A011	Marxism and Methodology of Social Sciences	1		
A	自然辩证法概论	10284A004	Dialectics of Nature	1		
A	研究生学术规范与学术诚信	10284A030	Graduate Academic Norms and Academic Integrity	–	是	
B	信息论基础	081200D23	Elements of Information Theory	2	是	四选三
B	博弈论及其应用	081200B12	Game Theory and Applications	3	是	
B	强化学习	081200C12	Introduction to Reinforcement Learning	3	是	
B	高级优化	081200B14	Advanced Optimization	3	是	
C	神经网络	085401D22	Neural Networks	2	否	至少选三门
C	机器学习理论研究导引	081200C04	Introduction to the Theory of Machine Learning	2	否	
C	智能推理与规划	081200C10	Intelligent Reasoning and Planning	2	否	
C	智能系统设计与应用	081200B13	The Design and Applications of Intelligent System	2	否	
C	语音信号处理	081200C13	Speech Signal Processing	2	否	
C	启发式搜索与演化算法	081200D70	Heuristic Search and Evolutionary Algorithms	2	否	

（续）

课程类别	课程名称	课程编号	课程英文名称	学分	是否必修	备注
D	概率图模型	081200D62	Probabilistic Graphical Models	2	否	
D	Agent 技术	085401D15	Agent & Multi-Agent Systems	2	否	
D	物联网技术导论	085401D09	Introduction to Internet of Things	2	否	
D	项目工程实践	081200D79	Engineering Practice	2	否	
D	论文选读	081200D84	Selected Readings of Papers	1	否	
D	移动计算	081200D04	Mobile Computing	2	否	
D	机器翻译和自然语言生成	085401D12	Machine Translation and Natural Language Generation	2	否	
D	时间序列分析	081200D81	Time Series Analysis	2	否	
D	生物信息学	081200D83	Bioinformatics	2	否	
D	符号学习	081200D76	Symbol Machine Learning	2	否	
D	高级算法	081200C02	Advanced Algorithms	2	否	
D	异常检测与聚类	081200D77	Selected Topics in Anomaly Detection and Clustering	2	否	

注：非本专业本科的研究生需在导师指导下额外补修两门课程。